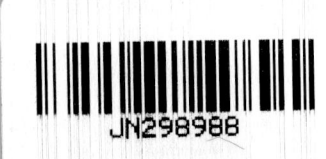

はじめてのネコ
飼い方・しつけ方

みずほ台動物病院院長 兼島 孝 監修

日本文芸社

Cat.Cat.Cat.Cat.Cat.Cat.Cat.Cat.Cat.Cat.Cat.Cat.Cat.Cat.Cat.Cat.Cat.Cat.Ca

はじめに

10年ほど前までは、ネコを飼うといえば「家の中で飼いながら、出たがれば外にも出してあげる」という飼い方が一般的でした。しかし、最近では「高層マンションなので外に出せない」「一軒家でもご近所に迷惑をかけるから出せない」などの理由で、家の中だけで飼う人が増えています。外に出すと交通事故などで大ケガをしたり、死んでしまうこともまれではありません。そのため、本書では、家の中でのみ暮らすことを前提に、ネコが元気に快適に、また人間とも仲よく暮らせる方法を紹介しています。

また、ネコはイヌと違って「人間の生活に合わせてしつける」よりも、「ネコの本能を理解して、それに沿った飼い方をする」方が、お互いに無理なく快適に暮らすことができます。そのため、本書ではまずネコの生態やネコの気持ちを紹介して、そのうえで具体的な「上手な飼い方」をあげています。

賢くて、人間の気持ちがよくわかるネコを飼うことで、たんに動物を飼う楽しみだけでなく、家族がひとり増えたような喜びや幸福感を味わうことができます。本書でそのような喜びをより味わっていただければ、こんなにうれしいことはありません。

Cat.Cat.Cat.Cat.Cat.Cat.Cat.Cat.Cat.Cat.Cat.Cat. Cat's Book

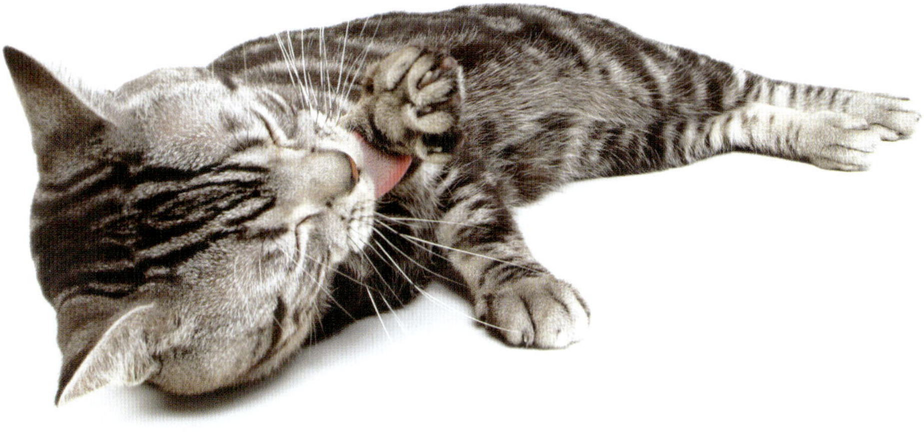

CONTENTS

うちネコの精神的ケア

Part 3 ネコにだって ストレスがある

わが家に迎える準備

Part 4 初めてネコがやってくる

Part 7 ネコまるごと情報編 ここまで知っていれば安心・便利

付録 カンタン かわいい ネコグッズを作ろう

STAFF

編集●フロンテア／大島智子、山下淳子
写真●小西修 U.F.P写真事務所 フォト・リサーチ エスケイペットサービス
編集協力●赤井奈緒子
イラスト●池田須香子
デザイン●志岐デザイン事務所／室田敏江

撮影協力

●ペットモデル協会 03-5411-0703
●DOG＆CAT JOKER 二子玉川店
●モデル 井上好美
●アマヤホーム 045-542-7211
●都市デザインシステム 03-5458-6820

取材協力

●マスターフーズリミテッド 044-712-1359
●多摩川ドグウッドクラブ 044-934-3871

マンションでCatインテリアを楽しむ

ネコと人間の快適空間

ネコが元気に暮らせるような快適な環境にしてあげたい。でも、インテリアにだって徹底的にこだわりたい。そんな思いを実現した、マンションにお住まいの3例をご紹介します。音の問題など、ご近所に迷惑をかけない配慮もなされています。

専用の遊び場がいっぱい

ネコと楽しむ アーバン・スローライフ

アマヤホーム（不動産会社）が提案するこのマンションのテーマは、「人とペットに心地よい住空間で、アーバン・スローライフを楽しむ」です。築年数約20年のマンションの一室を、人気の北欧テイストの「ペット対応型賃貸マンション」にリフォームしました。

中に一歩入ると、とても賃貸物件とは思えない凝ったデザインに驚かされます。白木を基調にしたリビング・ダイニングは、引き戸のステンドグラスが印象的。ブルーの壁には、ネコが喜ぶネコ階段と、そのまま天井の梁へと続くネコロードが作られています。ネコ階段は飾り棚としても利用できて、インテリアとしてもしゃれています。

使い勝手のいいオープンキッチンの床は、掃除がしやすいタイル張り。アマヤホーム営業・山田さんの愛ネコ、ルーパオ君もインテリアの一部のように、いいアクセントになっています。

「このマンションはリフォーム工事が終わったばかりですが、もう入居者が決まっています」と山田さん。ここまでネコのことを考え尽くして、ここまでおしゃれ。人気があるのもうなずけます。

賃貸でもここまでやる Catインテリアのための7つのアイデア

idea 1 人間のトイレにネコのトイレも設置

限られたスペースのマンションでは、トイレの置き場所に困ることが多い。ここではサニタリールームをゆったりとり、ネコトイレを置く専用スペースを設けている。手前が人間のトイレ、奥のシンクがネコ用バスタブ、その下がネコトイレの専用置き場所。

idea 2 玄関から直接入れるネコ専用スペース

玄関から入って左手の戸を開ければ、部屋を通らずにネコトイレ&ネコバスのある専用スペースに入ることができる。一緒にお出かけした後、足を洗ったり、ブラッシングをしたり、さまざまな用途に活用できる。床は掃除しやすいタイル貼り。部屋のほとんどはネコでも開けられる引き戸にしている。

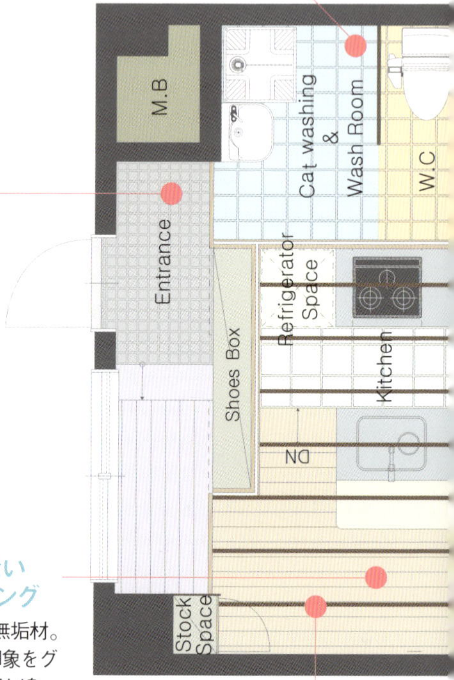

idea 3 脚に負担をかけない無垢材のフローリング

リビングのフローリングは無垢材。肌触りがよく、部屋全体の印象をグレードアップしている。合板と違ってやわらかいため、ネコの脚にも負担をかけない。色も傷が目立たない明るめの色に。ネコの飛び降りる音が響かないように、遮音性にも配慮している。

idea 4 壁に愛ネコの写真を飾れるワイヤー付き

部屋のあちこちに、愛ネコの写真が飾れるように、ワイヤーが取り付けてある。賃貸の場合は壁に穴を開けるのは禁止の場合も多いので、気楽に飾れるワイヤー付きはうれしい。

取材協力　(株) アマヤホーム　http://www.amayahome.com/

idea 5 リビングのドアにはネコドアを設置

1か所だけある押し開き式ドアには、ネコ専用ドアを設置。このネコドアがあるおかげで、トイレをリビングに置かずにすむ。ネコドアはゴム製なので、軽く、簡単に開閉できる。

idea 6 部屋に抗菌･防汚作用のある触媒をコーティング

部屋全体に抗菌、防汚作用のある光触媒チタンコーティングを施している。そのためネコが食べこぼしたり、粗相をしても汚れが付きにくく、消臭効果もある。

●光触媒チタンコーティングとは？
二酸化チタンという物質に光を当てることで抗菌、防汚効果が得られる。触媒なのでコーティング剤自体は変化せず、半永久的に効果が持続する。

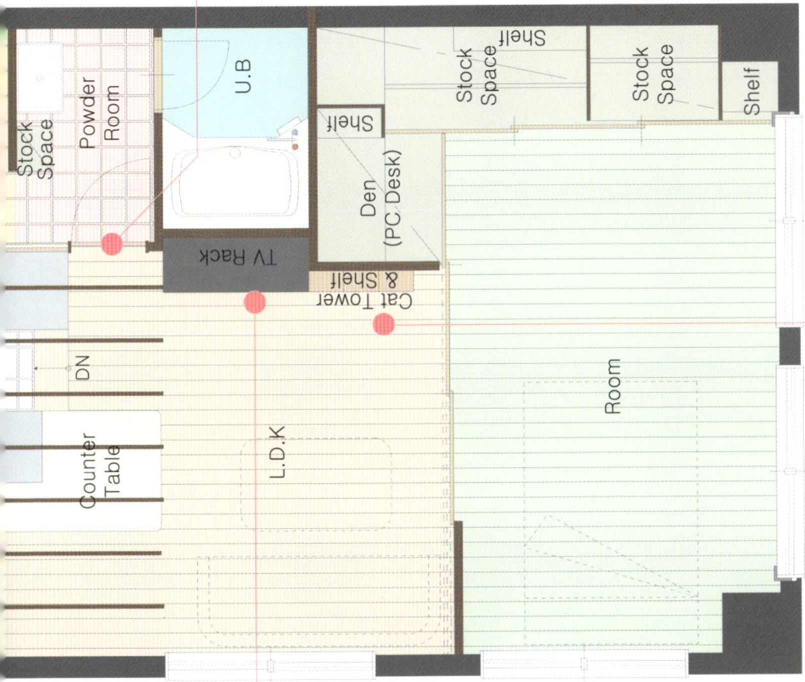

idea 7 階段から梁へと続くネコ専用遊び場も

階段から天井の梁へと続くネコロードは、段差や高いところが好きなネコの習性を生かしたグッド・アイデア。室内ネコに多い肥満やストレス解消にも役立つはず。壁のアクセントにもなっている。

ネコロード

高部さんのお宅は、気に入った土地を何名かで購入し、自分たちで工事を直接発注するコーポラティブハウスです。ライフスタイルに合わせて自由設計できるので、好きなスペイン風の意匠にこだわるために、またネコたちのために、この方法を選んだそうです。
実際、家に一歩入ると、スペインの古い町並みやカフェにでもまぎれこんだような錯覚にとらわれます。壁は白い塗り壁で、スペインらしくラフな雰囲気に仕上げてあります。床は風合いのあるテラコッタ、黒いクラシックな手すりも利いています。意匠にこだわるだけでなく、ネコトイレやネコドア、滑りにくい床材など、ネコのための工夫も随所になされています。
また、高部さんのお宅はマンションには珍しいメゾネット形式。階下に寝室を設け、日当たりのいい2階にリビングを置いて、快適空間を造り出しています。上下に移動する運動が好きなネコも、階段のあるメゾネット形式は大歓迎。運動不足の解消にもなります。ご夫婦の夢や居心地のよさをここまで実現しつつ、ネコにとっても快適な空間を用意した…、そんなやさしさにあふれる家です。

上：リビング・ダイニングでくつろぐ、奥様のゆかりさんとアビシニアンのカノンちゃん。竣工したばかりのモダンなマンションとは思えないほど、室内はしっとりとした趣きがある。

左上：黒いロウソク型の照明と、黒いカウンターが、アビシニアンの茶色の毛並みとおしゃれにマッチ。まるで一幅の絵のよう。

スペインの街角をイメージ

ネコも喜ぶ
メゾネットマンション

コーポラティブだからできた Catインテリアのための6つのアイデア

idea 1 床材はネコが滑りにくい光沢を抑えたタイル

ダイニングの床材は、スペインを意識した温かみのあるテラコッタ。タイル表面の光沢を抑えているので、カノンちゃんが走り回っても滑りにくい。食べこぼしや、抜け毛などもタイルなら掃除しやすくて便利。

idea 2 寝室にネコドアをつけて寝不足解消！

ご夫妻の寝室で一緒に寝るのが好きなカノンちゃんのためのネコドア。これを付けてから、夜中、トイレに行きたくなっても自由に出入りしてくれるので、ご夫婦の寝不足が解消されたそう。ドアとネコドアの素材が同じなので、ネコドアが目立たず、おしゃれな雰囲気も壊していない。

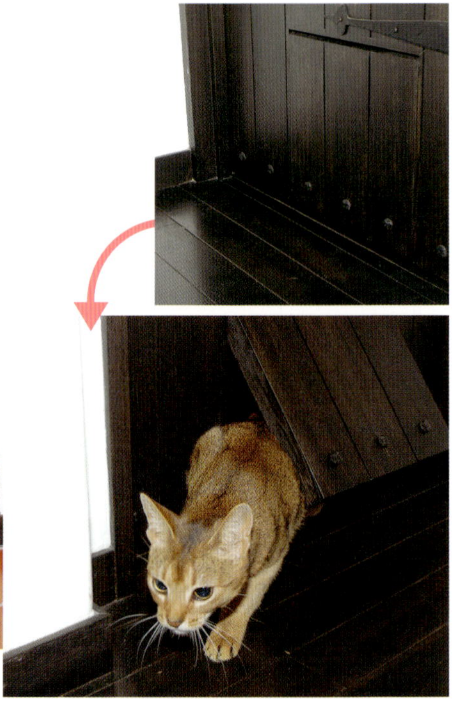

取材協力　都市デザインシステム　http://www.uds-net.co.jp/

idea 3 高い間仕切りの上はネコの特等席

階段とダイニングの間仕切りの上に座るネコ。まるで置物のように座っている姿が、高部さんご夫妻の癒しにもなっている。ネコが飛び乗るとき、真っ白な塗り壁を汚さないようにと、抗菌・防汚作用のある光触媒チタンコーティングを施してある。

idea 4 換気機能を設置し臭いをシャットアウト

トイレの臭いは、室内飼いの場合、大きな問題になりやすい。ここでは、1階にネコ専用スペースを作り、中に換気機能を施して、臭い対策をしている。ネコトイレまでスペイン風の意匠に統一して、遊び心も感じられる。

idea 5 日光浴ができるようなベランダ作りも

高部家のベランダは日当たり抜群。ネコもゆったり日向ぼっこが楽しめる。マンションのベランダは防護柵をきちんとしていないと、ネコが脱走したり、毛が落ちたりして、階下に迷惑をかける恐れがある。メゾネットだとその点も気楽でいい。

idea 6 大好きな階段で遊んで、運動不足も解消

階段はネコの格好の遊び場。メゾネットだから、ネコが階下に及ぼす、音の問題も気にせずにすむ。階段にはやわらかい木材を使用して、ネコの脚に負担をかけない配慮もしている。

寝室の窓は静かで日当たりがよく、つるきち君お気に入りの場所。防音効果の高いサッシで、ネコの鳴き声も隣家にもれず安心。

デザイナーとネコが共生

SOHO マンション

かめきち君とのツーショット。梶谷家ではこのカメの方が先輩。カメのかかりつけ獣医さんの紹介で、つるきち君が梶谷家にやってきた。

SOHO（Small Office Home Office）スタイルを実現するため、2LDKのマンションを広々とした1LDKにリフォームした梶谷さんご夫婦。お二人は、グラフィックデザイナーです。以前は自宅とオフィスを別々にしていましたがSOHOの方が便利ということで、決断されました。

床を個性的な黒白のダイヤ柄にすることで、デザイナーのSOHOらしいおしゃれでポップな空間に仕上がっています。

今回のリフォームで、まず気をつけたことは、オフィスを兼ねるため、生活臭を出さないことでした。また、同居するネコ、つるきち君のことも問題でした。SOHOでも、はたしてネコと一緒に暮らせるのか。仕事場なのでどうしても人の出入りは多くなります。つるきち君にストレスがかからないように、かつお客様がいらしてもペット臭のしない清潔でスマートな空間にしたい。そこで、ネコトイレなどに工夫をこらして、ネコと共生する「SOHOスタイル」を作り出しました。つるきち君もここに来てから12か月、のびのびと暮らしています。

つるきち君にとっては、コピー機の上も自分のテリトリー。オフィススペースも自由に行き来している。

SOHOでもここまでできる Catインテリアのための5つのアイデア

idea 1 引き戸にすればネコが自由に出入りできる

ドアは、すべてつるきち君が自由に出入りできるように引き戸に。来客が多いときは、自分で開けて、寝室に避難することもある。粋な黒白ダイヤ柄の床材は、フローリングの上に載せているので、遮音性にもすぐれている。

idea 2 キッチンの大型換気扇で完璧に消臭

スタイリッシュな印象のキッチン。この大きめの換気扇を1日中回しておくだけで、ネコトイレの臭いがシャットアウトできる。来客があるときは、念のため、消臭スプレーをまいてから換気扇を回す。

idea 3 扉で爪とぎしても目立たない、換えられる

クローゼットの扉はコルク製。黄色いドア（写真左）の中央にも同じコルクが使われていて、統一感のある内装に。つるきち君はここで思う存分爪とぎをしている。不思議と傷は目立たず、気になればこの部分だけ取り替えることも可能。

idea 4 観葉植物でトイレを目隠し

ネコトイレや食事の場所は、来客から見えないように、観葉植物で目隠しに。これなら、つるきち君も落ち着いて食べたり、用を足すことができる。

つるきち君の食器は、染付けのソバ猪口と豆皿。こんなところにもデザイナーらしいセンスが光る。

idea 5 ポップな洗面室はネコの水飲み場としても活用

小さなタイルを貼り合わせたポップな洗面台。プライベートスペースも色を印象的に使って、しゃれた雰囲気に演出している。シンクの両サイドにスペースがあるので、つるきち君の水飲み場にもなっている。

Part 1

ネコ会話レッスン

コミュニケーションをとる

- なぜこんな行動をとるの？
- なぜ縄張り意識が強いの？
- ネコのボディランゲージ
- こんな抱き方、なで方が好き
- こんな人、こんなことは嫌い

野生の血が影響

なぜこんな行動をとるの？

突然、家中を走り回ったり、わざわざ小さい袋の中に入り込んだり、ネコには不思議な行動がたくさんあります。謎が解ければ、ネコに対する理解が深まり、もっとネコとの生活も楽しめるはず。秘密の扉をノックしてみましょう。

ネコの祖先は、野生のリビアヤマネコ

イエネコはネコ科ネコ属で、祖先はアフリカに生息する「リビアヤマネコ」だといわれています。このリビアヤマネコが古代エジプト時代に初めて人間と接触するようになり、やがて人に慣れ、飼われるようになり、今あるような40品種を超える姿や色に変化していったのです。リビアヤマネコは夜間に狩りをする肉食動物で、一匹でも安全に生き抜く術を心得た、タフで利口な動物でした。

これらの習性や能力は、ネコが人と数千年一緒に暮らすようになって、だいぶ変わってきましたが、それでもすべてが消えたわけではありません。ネコのミステリアスとも思える行動は、このふと顔を出す「かつての野生の血」によるところが大きいようです。

不思議その1　なぜ、高いところに登りたがる？

気が付くと本棚やクロゼットの上に登って、じっと見下ろしているネコ。なぜ、ネコは高いところが好きなのでしょう。木登りのうまいネコは、その昔、野生だったころ、木に登って、狩りをしていました。木の上は、待ち伏せをしたり、襲いかかるには便利な場所。追われたときの逃げ場所としても役立ちました。高いところにいると下から大きく見えるので、敵と戦う場合には、心理的に有利な立場に立つこともできます。生活のさまざまな場面で、木の上を利用していたネコは、今でも高いところへ登りたがり、高いところにいれば精神的にも落ち着けるのです。

不思議その2　なぜ、狭いところに入りたがる？

「どうしてそんな場所がいいの？」と聞きたくなるほど、ネコは狭い場所が好き。やっと入れるぐらいの空き箱や買い物袋などにギューギューに入り込み、満足げにしている姿は、何とも不思議に思えるかもしれません。その昔、単独生活をしていたネコが住処にしていたのは、木の洞や岩の下などの狭くて暗いところでした。ここなら、安心して寝たり、獲物を横取りされずに食べることができたからです。ケガで弱っているときも、目立たない穴の中なら、ゆっくりと回復を待つことができました。そのため、今でも狭い穴倉のような場所は、ネコにとって安心して落ち着ける場所なのです。

不思議その3　なぜ、快適な場所がすぐわかる？

冬は南側のソファーの上でゴロリ、夏は北側の風呂場でゴロリ…。これから洗う洗濯物の上には載らないのに、洗いたての洗濯物の上にはドッカリ…。教えたわけでもないのに、どうして室内のベストポイントがわかるのでしょうか。それは、ネコの体全体が快・不快を判断するセンサーだから。ネコは、皮膚で温度を測るだけでなく、鼻にも測る機能が備わっていて、快適

な22度前後を的確に選び取ります。皮膚には多くの触覚神経が分布していて、肌触りのよいものがよくわかります。また、匂いをかぐ細胞は人間の数倍。このような鋭い感覚で、自分にとって居心地のいい場所を選んでいるのです。

不思議その4　なぜ、読んでいる新聞の上に載る？

どうしてネコは、わざわざ人が読んでいる新聞や本、書き物などの上に、どっかりと座り込んだりするのでしょうか。ネコにとっては人間の読書や書き物は不可解な行為なので、「いったい何をやっているのだろう？」と、確認しにくるといわれています。でも、面白そうなことは何もしていない。そのうえ、他のことに気をとられて、いつものように構ってくれない。そこで気を引くために、どっかりとその上に座るというのです。そんなときは少し付き合ってあげるとよいでしょう。言葉をかけながら、なでてあげたりするだけで、満足して、またどこかへ行ってしまうことがよくあります。

ネズミそっくりのおもちゃで遊ぶネコ。遊ぶときもその動きは本物のハンティングそのもの。

不思議その5 なぜ、飼い主のお腹をモミモミ押すの？

ネコは、ときどき足踏みでもしているかのように、前足で毛布などを交互に押していることがあります。モミモミしているときのネコはたいてい気分がよさそう。半眼で夢見心地のこともしばしばです。そんなことから、これは母ネコの乳を飲んで満足しているときのなごりとする解釈があります。実際、母ネコの乳を飲んでいる子ネコは、前足でしきりに乳首の周囲を押すことがあります。この足踏みは、やわらかいものにする癖があるので、飼い主が抱いているときに、腹などをモミモミすることもよくあります。ツメが痛いこともありますが、タオルなどを敷いて、甘えさせてあげるとよいでしょう。

指を思いっきり開いて、無心で毛布をモミモミしている。

子ネコのころから一緒に育ったネコは成ネコになってもなめ合うことがある。

不思議その6 なぜ、捕った虫を見せにくる？

室内飼いのネコでも、部屋に紛れ込んだゴキブリやクモを捕まえてくることがあります。動かなくなるまでいたぶったり、食べてしまうのを見ると、残酷に感じるかもしれません。でも、目の前の昆虫をハンティングすることは、肉食獣のネコにすればごく自然な行為。叱らないようにしましょう。また、捕るだけでなく、わざわざ獲物を見せにくることもあります。これは親ネコが子ネコに獲物を運んでくるのと同様、飼い主にも獲物を分けるつもりで持ってくるといわれています。ネコにとっては最大の愛情表現なので、叱ると混乱してしまいます。「ありがとう」といって、なでてあげたいものです。

不思議その7 なぜ、飼い主の手をペロペロなめる？

ネコは、普段あまり飼い主の手をなめませんが、ときにはどうしたのだろうと思うぐらい一生懸命なめてくれることがあります。これは、子ネコのころに戻って、兄弟同士でなめ合っていた気分になって、飼い主をなめているという説があります。ネコの舌は、毛づくろいなどに便利

なようにザラザラしているので、気持ちがいいとはいえませんが、ネコ自身は幸せ気分なので、叱ったりしないで、しばらくはそのままにさせてあげるとよいでしょう。

不思議その8 なぜ、部屋の中を突然走り回る？

何の前触れもなく、突然スイッチオン！　といった感じで、部屋中を走り回ったり、戸棚の上を駆け上ったりするネコを見れば「どこかおかしいのでは」と不安になるかもしれません。でも、室内飼いのネコには決してめずらしいことではありません。本来なら、そのすばらしいジャンプ力や瞬発力を発揮して、狩りをしているところが、室内では能力を十分に使うことができないため、思い出したようにエネルギーを発散させているのです。このような突然始まる大運動会は、外と家の中を自由に行き来しているネコには、あまり見られないといわれています。

不思議その9 なぜ、飼い主の帰宅時間がわかる？

帰宅時間がいつもと違っても、カギをあけた瞬間、ネコが待ち構えていて「ニャー」とお出迎え。こんな経験をしたことはありませんか？　カギを開けてから飛んでくるにしては早過ぎるし、気密性の高い今どきの家で、外の足音や匂いなどは感じないはず。と不思議に思うかもしれません。この秘密はネコの聴力にあると考えられています。ネコの耳は人間の約5倍もの幅広い音を捉えることができます。どの方角から聞こえてきて、どの程度離れているかもわかります。そのため、人間には聞こえない足音もネコの耳には感知されて、どこで遊んでいても、猛ダッシュでお出迎えすることができるのです。

どうする？ こんなとき
舌をしまい忘れていても平気？

ネコはよく、ほんの少しだけ舌を出したまま、遊んでいたり、寝ていることがあります。かわいいけど、ちょっと間抜け…。理由は諸説あり「ネコの舌は長くしなやかで、出していても疲れないため、しまい忘れる」とも、「年齢とともに口周辺や舌の筋肉が衰えてくるため」ともいわれています。舌にそっと触れて「出てるわよ」と教えてあげると、ネコは「しまった」とでも言いたげにあわてて引っ込めます。

単独生活のなごり

なぜ縄張り意識が強いの？

ネコはテリトリー（縄張り）を持つ動物です。
彼らのテリトリー意識は、ご近所付き合いのルールのようなもの。オキテもあれば秘密もあります。
ここでしっかり学んでおきましょう。

自分のテリトリーを大切にするワケ

人に飼われる前のネコは、野生動物として自分ひとりで狩りをし、獲物を捕って暮らしていました。そのため、よそ者に邪魔されずに狩りができる「場」の確保は大切なことでした。また、ひとりでも身の安全を守ることができる「場」を探すことも生存するための条件だったのです。これらの狩猟生活のなごりが、今でもテリトリー意識として残っていると思われます。テリトリー意識は、自分の身を守ると同時に、ネコをはじめ、他の動物との無用な争いを避けるためのルールともいえるでしょう。

「借りてきたネコのように大人しい」という言い回しがあるが、これはまさにネコのテリトリー意識の強さを言い得た言葉。ネコが初めての場所が苦手なのは、そこは自分の「縄張り外」との意識があるから。

ホームテリトリーとハンティングテリトリー

食事や睡眠など「生活の場」として使っている範囲を「ホームテリトリー」といいます。よそ者を入れない自分だけの縄張りです。テリトリーの中でも、他のネコなどと共有する「ハンティングテリトリー」もあります。外ネコの場合は、家の周辺半径100～500mの範囲です。この範囲内は、定期的にパトロールに出かけ、要所要所に匂い付けをして、自分の存在をアピールします。同じ場所に他のネコがきて、匂い付けし、自分の縄張りでもあることをアピールする場合もあります。このように何匹かのネコが接触する場所では、ときどき「集会」が開かれることも。テリトリーを共有するもの同士、無駄な争いを避けるために、顔合わせをしているのではないかともいわれています。

室内飼いのネコにもテリトリー意識はある

室内飼いのネコの場合は、パトロールする範囲が縄張りです。定期的に見回り、変化がないかを確認します。外ネコ同様、テリトリー内のあちらこちらに、自分の匂いを付けて歩き、アピールすることも忘れません。もしテリトリー内に見慣れないものがあった場合は、まず観察して危害を加えることはなさそうと判断したら匂い付け。この一連の行為を通して、初めて安心して暮らせるのです。ベッドは休息場所の最たるものなので、テリトリーの中でも重要なポイント。複数のネコを飼っている場合は、他のネコが入ると怒ることもあります。それぞれに専用のベッドを用意してあげましょう。

一般に、オスネコはメスネコよりもテリトリー意識が強い反面、去勢していないとメスを求めて家出をし、テリトリーの外へ飛び出していくこともある。

3つのしぐさで

どこが「縄張り」か宣言！

周囲に自分のテリトリーであることを知らせるために、定期的に行うのが「匂い付け」です。主なやり方は次の3つです。

こすり付け

ネコはこめかみ付近や口周りに「臭腺」があり、そこから自分のオリジナル臭を発しています。ネコがよく机の端や壁、人間などにスリスリと顔をこすり付けているのは、ひとつには、自分の匂いを付けて、縄張りであることを宣言しているのです。

爪とぎ

爪とぎは、狩猟動物であったネコの習性ですが、同時に「匂い付け」という意味もあります。爪の周囲にも匂いを発する臭腺があり、爪とぎをしながら、そこに自分の匂いを付けているのです。部屋のあちこちで爪とぎをしたがるのは、そこが自分のテリトリーだから。思いっきり伸び上がってガリガリしているのは、「このシマの主は大きくて力強い存在なんだぞ」というアピールでもあります。

スプレー

成熟したオスは、部屋のあちこちに尿をかける「スプレー行為」をすることがあります。これも匂い付けのひとつ。ただし、去勢すると少なくなります。

気持ちがわかる！

ネコのボディランゲージ

**ネコはマイペースで孤独好き、と思っている人もいるかもしれません。
でも、じつは多彩なボディランゲージを駆使して、
飼い主や他のネコたちと、意思の疎通をはかっているのです。**

表情や動作で心の中を読み解こう

ネコは言葉こそ話しませんが、目、鼻、口や、しっぽ、脚など、体全体をコミュニケーションの道具にして、メッセージを発信しています。これらのボディランゲージには、いくつかのパターンがあります。「このようなしぐさや表情のときは、遊んでほしいとき」など、それぞれに込められた意味がわかれば、ネコとのコミュニケーションもよりスムースになるはずです。もっとも、初めはその微妙なネコ語が理解できないことも。そんなときは、感情がもっともよく表れやすい「顔」から観察してみましょう。

驚いたとき
目がランランと輝く

驚いたとき、まず一番変化が表れるのが「目」です。ネコの目は、明るい場所では瞳孔を閉じて光りをさえぎり、暗い場所では瞳孔を開き、光を多く集めます。この光に反応する以外にも、「驚いたとき」に瞳孔は大きく広がります。驚いて緊張したり、興奮したとき、「ランランと目を輝かせた状態」に見えるのは、この瞳孔が広がっているためです。私たち人間も、突然後ろから「ワッ！」と驚かされたら、ビクッとして目を見開くもの。驚いたときの反応は、人もネコもかなり共通しているといってよいでしょう。

怒ったとき

体を大きく見せる

普段は愛くるしい顔立ちのネコも、怒ったときや、相手を威嚇するときは、その表情が一変します。目はつり上がり、耳は反らせ、ヒゲも逆立てて、牙はむき出しに。鼻にはシワを寄せて、「フーッ」「シャーッ」という声を出します。また、体を大きく見せるために、背中は弓なりに反らせて、毛を逆立てて爪先立ちに。さらに、まさに飛びかからんというときは、しっぽの毛も逆立てて、いっそう爪先立ちになります。こんなときは、うかつに手を出すと攻撃されてケガをするので、注意が必要です。

しっぽを立てるポーズは、母ネコにお尻をなめてもらい、排泄の世話をしてもらうときにもよくやる。飼い主にもしっぽを立ててお尻を見せるのは、子ネコのときの甘えたい気分になっているから。

甘えたいとき

しっぽを立てて、すり寄る

しっぽをほぼ垂直に立てて近寄ってきて、頭や額をスリスリするしぐさは、もともと子ネコが母ネコに甘えるしぐさです。人間にするときは、エサをねだったり、甘えたい気持ちのときによくやります。体を押し付けてくるのは、甘え以外に、匂い付けをする意味もあります（P25参照）。ネコにとっては自分の匂いがするところイコール安全地帯。例えば外出から帰った飼い主にしきりに体をすり寄せてくるのは、甘えているのと同時に、外気に触れて薄れた自分の匂いを、しっかり付け直しているとも考えられます。

おびえたとき

体を小さく見せる

ボスネコににらまれたり、雷の音などに恐怖を感じておびえているときは、できるだけ体を小さくします。体を低くしてうずくまり、しっぽは体の下に巻き込みます。耳を伏せ、ヒゲを寝かせて、顔にピッタリと付けることもあります。服従のポーズも同様で、体を小さく見せて「弱さ」をアピール。相手の攻撃意欲を低下させようとします。

安心しているとき

お腹を出してゴロゴロ

安心しているときによくやるのが、お腹を見せて長々と伸びたり、背中をゴロゴロと床にすり付けるいわゆる「ごろにゃん」ポーズです。動物として最も無防備な体勢なので、安全であることを確認して、安心しきっているときにしかやりません。飼い主に「かまって、かまって」と、なでることを要求したり、遊びを催促していることもあります。

四肢を体の下にしまって、こんもりと丸くなっていることがある。これも、安心のポーズ。とっさに反応しなければならないリスクがないからこそできる。

ちゃんと意味がある!

しっぽの振り方

ネコのしっぽは口ほどにモノを言います。しっぽをむやみに触ると嫌がるのは、ひとつには、感情と直結しているからです。以下は、しっぽのメッセージ集。目安にしてみましょう。

大きくゆっくり振る

機嫌のいいサイン。リラックスしているときや、安心しているときによくやる。

大きくバタバタ激しく振る

不機嫌のサイン。イライラしていたり、何かに怒っていることも。

小さく早く振る

落ち着かない、何か不安なことがある場合に多い。

先をパタパタさせる、ピッピッと振る

何かに気をとられていたり、考えごとをしている。こういうときに、無理にかまうと噛みつかれることもある。また、自分の名前を呼ばれて、答えるときに、しっぽの先だけ振ることもある。

ゴロゴロ鳴らすのは、生後1週間目ですでにみられるネコ特有のボディランゲージ。

うれしいとき

のどをゴロゴロ

ネコなりにハッピー、満足と感じているときは、目を細めて、のどをゴロゴロと鳴らします。子ネコに乳を吸わせているときにも、よく見られる光景です。そのメカニズムはまだ解明されておらず、一説には肺胞の空気が上下してのどを震わせるから、ともいわれています。また、ケガなどで辛いときにものどを鳴らすことがありますが、これは自分を慰めるために行っているという説があります。

警戒しているとき

横っ飛びすることも

「もしかして自分より強い？」と相手の様子を伺いつつ警戒するような場合、ネコの気持ちは「攻撃」か「防衛」かで揺れています。気持ちのふんぎりがつかないため、体も後脚は攻撃モードで前のめり、前脚は防衛モードの後ずさりというアンバランスになった結果、前進でもなく後退でもない「横っ飛び」になることもしばしばです。瞳孔が開き、耳を伏せ、歯をむき出して「シャーシャー」と声を出したり、体中の毛を逆立てることもあります。

関心があるとき

耳を前に立てる

ネコは好奇心の強い動物。新しいものや、変わった動きをするものを見付けると、どんな音も聞き逃さないように耳を前方にピンと立てて、一心に見つめます。ヒゲもピンと張って空気の流れなどを調べ、安全そうだと感じたら、近くまで行って匂いをかぎ、同時に自分の匂いも付けてきます。

ちゃんと意味がある!

よく聞く鳴き方

ネコの鳴き声をネコ語とするなら、ボキャブラリーの数が気になるところですが、明確にはわかっていません。研究者によって20パターン前後とも、50パターン以上ともいわれています。よく聞く鳴き方のひとつが「ニャー　ニャー」で、「かまって」「遊んで」「エサがほしい」など要求をしているときによくこの鳴き方をします。子ネコの場合は、これがもっと小さく甲高い声になり、「ミィミィ、ミューミュー、ミャー」と鳴きます。飼い主と、部屋でばったり合ったときなどに「ニャッ」といえば、「あら、こんにちわ、やぁ、どうも」などの挨拶と考えられます。

無理強いはダメ！

こんな抱き方、なで方が好き

なでたり、抱いたりというスキンシップは、ネコとコミュニケーションを取るための大切な方法のひとつです。ネコの習性や気持ちを読み取り、ネコが気に入る「なで方」「抱き方」で、今まで以上に仲よくなりましょう。

なでるときに名前を呼んだり「いい子ね」などと声をかけるのも、よい関係作りに役立つ。ネコは耳がいいので、声はやさしく小さめに、低いトーンで話したい。

なでる

耳や首の後ろがお気に入りの場所

ネコが好きななで方は、まず、なでてほしいと思うときだけ、なでてくれること。わがままと思うかもしれませんが、それが単独で生活してきたネコの生まれ持った性格です。なでてほしいときのしぐさは、ゴロンと仰向けになる（p28）、体をスリ寄せてくる、前足でモミモミしているとき（p22）などです。こんな甘えモードを見逃さずに応えてくれる飼い主なら、よいコミュニケーションが取れるはずです。なでて喜ぶ場所は、背中、耳、のど、額、首など。特に、耳の裏側や首の後ろ側は、自分ではグルーミングしにくいので、なでたり、かいたりしてあげると気持ちよさそうにします。

こんななで方は嫌われる

ネコは、自分より高い位置にいる動物は、優位な立場にいる、との認識があります。そのため、上から急にヒョイと手を出して頭をなでようとすると、一瞬、手ごわい相手に攻撃されたのかと身構えたり、びっくりして逃げ出したり、噛み付く場合があります。また、「キャーッ、かわいい！」となでようとした途端、ガブリッとやられる。こんなこともよくあることです。ネコは大きい声や大げさな動作で迫ってくる人が苦手。初対面の場合ならなおさらです。むしろ関心のないふりをしていた方が、危害を加えられそうにないと安心して、近付いてくるものです。

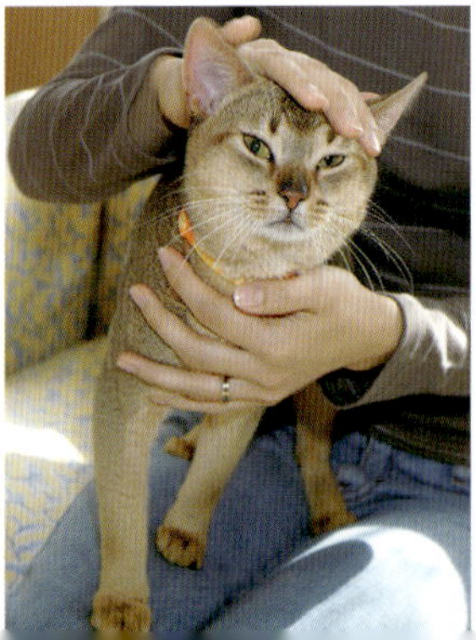

なでてほしいときは、膝の上にゆったりと座る。今はなでてほしくないのか、膝から早く下りたそうにしている。

抱く

ネコが安心できる上手な抱き方

抱くときも、ネコが自分から寄ってきたときに、抱いてあげるようにしましょう。まず飼い主が緊張感や警戒心を解くことが大切です。初めてネコを飼う場合は、リラックスしているつもりでも、微妙に体がこわばっていることも。ネコは繊細な動物なので、飼い主が恐る恐る抱くと、それがネコにも伝わり、居心地悪そうにして逃げ出したり、暴れたりします。また、抱き上げるときに、子供がよくするように、脇の下を両手でぎゅっと締めつけてはダメ。これは、ネコにとっては苦しい姿勢です。腰や背中を包み込むように、静かに抱き上げましょう。また、母ネコは子ネコの首筋をくわえて運びますが、人間はやらない方が無難です。母ネコは子ネコが苦しくならないようにうまくつまみ上げていますが、人間にはそのさじ加減がむずかしいからです。

どうする? こんなとき

抱かれるのを嫌がる

もともと抱っこがキライというネコもいます。母ネコや兄弟ネコと一緒に過ごした時間が短かったネコや、ノラネコだったネコなどです。このような性格は、すぐには直らないので無理強いしないこと。また、発情期のネコも抱っこを嫌がることがあります。

そのようなネコではないのに、急に抱っこがキライになった場合は、体のSOSのサインであることも多いようです(p114参照)。

プロも実践　しっかり抱く方法

マンションの廊下や、動物病院のロビーなどで、ネコに逃げられないように、しっかり抱かなければならないときもあります。飼い主もネコも緊張するシーンですが、こういうときこそ飼い主は落ち着いて、ネコの不安を増幅させないようにしましょう。このしっかり抱く方法は、動物病院のプロも実践している、簡単で確実な方法です。

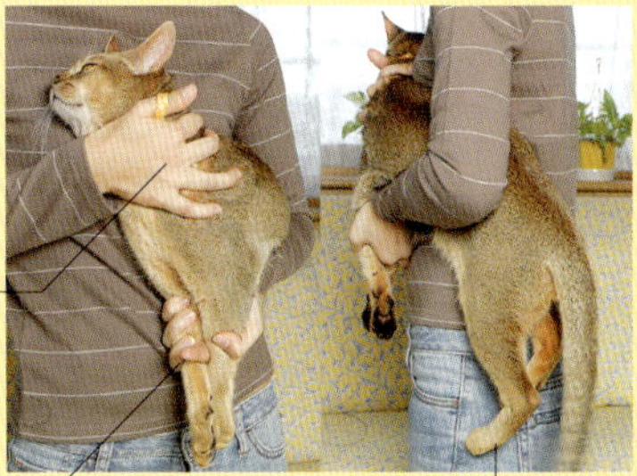

頭を抱いている手の指を首輪に入れ、頭を胸に付けて、軽く固定する。これで上半身の動きを抑え、噛み付きを防ぐことができる。

もう一方の手で前脚を押さえることで、引っかかれたり、腕からすり抜けるのを防ぐことができる。

後ろ脚はフリーにしておき、ネコに与える圧迫感を軽くする。

どうしてもうまくいかないときは、洗濯袋の中に入れると静かになるので抱きやすい。

自由を尊ぶネコだから

こんな人、こんなことは嫌い

かわいがっているのに、知らず知らずのうちに嫌がることをして、ネコに「嫌われているヒト」になっていませんか？生態や体の仕組みを知って、なぜその行為を嫌がるのか理解しましょう。

ついやりがちな やってはダメなこと

しつこくする

ヒトに飼われるようになってからも、野性味や独立心を失わないネコ。それだけに、「自分から行かないときは、放っておいてほしい」というのがネコの本当の気持ちです。ネコ好きな人は、つい自分から親しげに近づいて、なでたり、抱いたりしたくなるものですが、これがネコを遠ざける原因になることも。抱きあげてみて、その腕からすぐにすり抜けたり、好きなおもちゃを見せても、関心を持たないようなら、とにかく放っておきましょう。無理矢理抱いたりしていると、そういう相手とは距離を置くようになってしまいます。

大声や大きな音

ネコの聴覚は抜群によく、人間の2万ヘルツに対して、約10万ヘルツまで聞き取ることができるといわれています。自由に耳の向きを変えて、すばやく音をキャッチすることもできます。獲物や外敵の音に瞬時に反応できるようにつくられているのです。それだけに、大きな声でどなる人や、大きな物音をさせるようながさつな人は大の苦手です。また、物静かな環境を好むので、一日中テレビや音楽などがかかっていると、ストレスに感じることもあります。

耳やしっぽを引っ張る

かわいいと、つい耳やしっぽを触ったりして、からかってみたくなることもあるかもしれません。しかし、しっぽや耳を強く引っ張ると、内臓にトラブルを起こすこともあります。ネコはデリケートな動物なので、いつも乱暴な扱いを受けていると、ひどく臆病になっていじけたり、逆に凶暴になってすぐ噛み付くようなネコになることもあります。人間にとってはちょっとからかっただけでも、体の小さいネコにとっては大きな負担に。決していたずらしないようにしましょう。

タバコや香水のキツイ香り

人間にとってはよい香りだったり、特に気にならない匂いでも、ネコにとっては辛い場合があります。タバコや香水以外にも、苦手なものに、湿布薬などのメンソール系、ミカンなどの柑橘系の臭いがあります。ネコの鼻は感度良好で、臭いをキャッチする細胞は人間の数倍。そのためこれらのキツイ香りは、ネコの鼻の粘膜を刺激して、不快に感じさせるようです。

目をじっと見つめる

ネコ同士が目を見つめ合うときは、攻撃や威嚇をするとき。そのため、信頼している飼い主でも、まじまじと見つめられると、落ち着かなくなってソワソワしたり、緊張をほぐそうと視線をはずしたり、目をつぶってしまうことがあります。

どうする? こんなとき

引っ越し後、すっかり臆病に

ネコの嫌いなことに「引っ越し」もあげられます。テリトリーを大切にするネコにとって、慣れ親しんだところからまったく異なる環境に引っ越すのは大きなストレスのはずです。しばらくの間は物陰に隠れて出てこなかったり、おずおずと匂いをかいで確認したりするのも当然のことです。納得のいくまで、自由にさせてあげましょう。ネコの方から甘えてきたときには、十分にかまってあげます。しばらくすれば、またもとの元気なネコに戻るはずです。なお、新居でも、使い慣れた食器やタオルを出してあげると、自分の匂いが付いているので、不安感が和らぎます。

column.1

ネコをしかるとき

一貫性が大切！
方法を決め、いつも同じ
しかり方を!!

A. 大きな声で『ダメ』『コラ！』など短くハッキリした言葉を決めて発する！

このとき威厳を持つコト！

B. 手をパン！とたたき驚かす

耳のいいネコは
大きな音がキライ。
反射的にやめるように。

C. 目の前に大きく手をかざす

NG!

たたいたり
デコピンなどの
体罰はダメ！

「人間コワイ！」と萎縮したり
いじけたネコになる可能性も！

NG!

あとでしかる！

現行犯でないと意味ありません。
「ネコは覚えてナイ！」
何でしかられているのかワカリマセン。

Part 2

飼い方基本レッスン

元気なネコに育てる

- ネコの健康は食事で決まる
- ネコ好みの寝室を用意する
- 爪とぎには上手に対処して
- ブラッシングでいつも清潔に
- 歯周病から歯を守ろう！
- シャンプーで美しさをキープ
- 清潔トイレが成功のカギ

太り過ぎに注意！

ネコの健康は食事で決まる

**ネコが正しい食生活を送れるかどうかは、飼い主次第。
最近増えている肥満も、飼い主のエサの与え方が原因しています。
ネコの将来のことをしっかり考え、食生活の基本をマスターしましょう。**

同じ身近なペットでも、イヌとはこんなに違う

キャットフードは内容とネコの好みを重視すること。

ネコとイヌはともに肉食動物ですが、ネコはイヌに比べて、より肉食傾向が強い動物です。たとえば、1日の栄養所要量のうち、タンパク質が占める割合が成イヌ18％に対して、成ネコは26％と多いことがあげられます。また、キャットフードに必ず含まれているビタミンA、タウリン、動物性脂肪酸のアラキドン酸などは、ネコにのみ必要な栄養素。仮にドッグフードをネコに与え続けると、目が見えなくなったり、皮膚や毛にトラブルが起きたり、発育が遅くなったりとさまざまな障害がでてきます。

ネコにはタンパク質がたっぷり必要

V.S.

1日に必要な栄養所要量のうち、タンパク質が占める割合

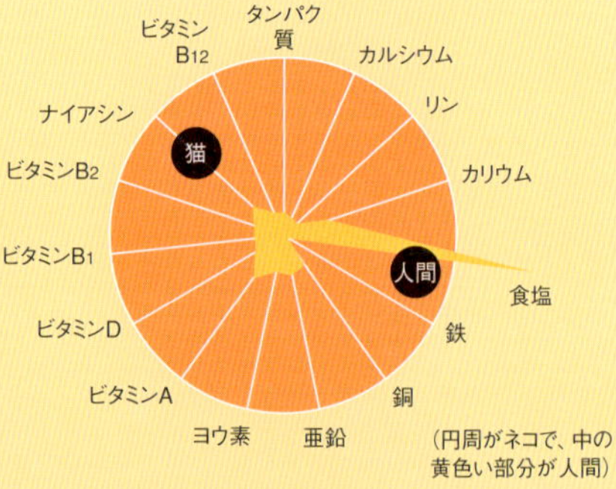

（円周がネコで、中の黄色い部分が人間）

肉食ネコと雑食人間の必要栄養量の比較

体重1kgあたりのネコと人の1日に必要な栄養所要量の比較グラフです。このグラフをみると、人間とネコに必要な食事が大きく異なることがわかります。人間の食事を与えていては、ネコは健康的に暮らせないのです。

資料提供／ウォルサム研究所

理想の食事はキャットフード

ネコに必要な栄養素は、タンパク質やビタミンAなどざっとあげても44種類。栄養が偏ってしまうと、さまざまな病気にかかりやすくなり、健康で長生きさせることが難しくなります。もっともこれだけの栄養素を含んだ食事を飼い主が作るのは容易なことではありません。そこでおすすめなのがキャットフードです。なかでも「総合栄養食」と記載されているキャットフードには、ネコに必要なすべての栄養素がバランスよく含まれています。この「総合栄養食」と記載されたキャットフードと水だけで、ネコは元気に暮らすことができます。

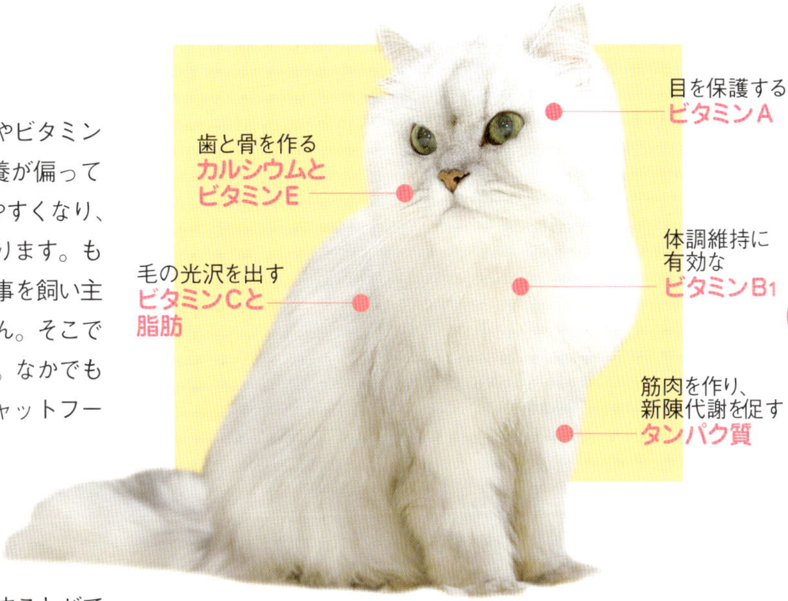

どれだけの量をいつあげればいいの？

成ネコに必要な1日の食事量は、一般に体重1kg当たり約80kcal。日本ネコのオスは体重約4kg、メスは約3kgなので、1日に必要な量はオスで320kcal、メスで240kcalになります。ただし、外に出さない家ネコの場合は、運動量が少ないので、控え目の70kcal/1kgで様子を見るとよいでしょう。また、成長期の子ネコにはかなり多めに、老ネコには少なめに与えます。これを朝、晩2回に分けてあげるか、朝まとめてあげてください。食事の時間はできるだけ決めた時間にあげること。食べ終わったら片付けて、1日中置きっぱなしにするのはやめましょう。

1回の食事の量（成ネコの場合）

体重1kg当たり 約**80kcal** ドライフードで **1/3カップ**（約25g） × 体重**kg** ÷ **回数** 成ネコで1日平均 **1~2**回

年齢別1日に必要な食事の量

年齢	エネルギー	回数
2～4か月未満	約**200kcal**×体重kg	**3～4**回
4～5か月未満	約**130kcal**×体重kg	**3～4**回
5～6か月未満	約**100kcal**×体重kg	**3～4**回
運動量の少ない成ネコ	約 **70kcal**×体重kg	**1～2**回
運動している成ネコ	約 **80kcal**×体重kg	**2**回
老ネコ（10歳以上）	約 **60kcal**×体重kg	**1～4**回

キャットフードは ドライ？ ウェット？

総合栄養食のキャットフードには、ドライタイプ（水分含有量10％程度）、セミモイストタイプ（水分含有量40％程度）、ウェットタイプ（水分含有量75％程度）の3種類があります。この3つの中でもポピュラーなのは、ドライタイプとウェットタイプ。どちらか一方を与え続けるのではなく、2つを上手に組み合わせてネコが飽きないような食事作りを心がけましょう。なお、ネコにも人間と同じように肥満や糖尿病、腎不全、食物アレルギーなどの病気が増えています。最近では、これらの病気にあわせたキャットフードが開発されています。市販では購入できませんが、診断を受けてから獣医師から購入することができます。

↑ドライフード
高タンパク質の肉や、穀類、脂肪などをミックスして作られているので、栄養のバランスは抜群。また、繊維質も多いので、消化を助けてくれる。開封後の保存性も高く、便利なキャットフードといえる。ただし、与えるときは必ず水を一緒に用意すること。

ウェットフード→
ドライフードに比べてタンパク質が多く、高脂肪なので、少ない量で高いカロリーを一度に摂取することができる。食欲のないときや食の細いネコなどにおすすめ。また、ウェットタイプは缶などに入れられていることが多いので、開封しなければ保存性にも優れている。

購入するときのチェックポイント

1 内容
総合栄養食であることを確認。

2 与え方
記載されていることを確認する。

3 量
1か月で食べきれる量を選ぶ。

4 賞味期限
賞味期限まで、1か月以上あるものを選ぶ。

5 原材料
タンパク質の摂取が重要なので、肉類や魚類が一番上に記載されているものを選ぶ。

あげてもいい食べもの いけない食べもの

食事中に、おねだりされるとどうしてもあげたくなってしまうものですが、ネコには与えてはいけない食べものがあります。下痢や貧血を起こしたり、病気の原因になるからです。いまだに科学的には立証されていないものも多くありますが、少なくとも右記のものは与えないように気をつけましょう。一方、あげてもいいものは焼いたり煮たりした魚や肉（味付けしていないもの）など。ただし、カロリーが高い食品が多いので、キャットフードはその分減らすようにしましょう。

安全な食べもの

カツオ節、火を通した魚・肉・卵、無塩の煮干、のり、ご飯・麺類、イモ類、マメ類

どうする？こんなとき

観葉植物を食べてしまう

ネコはいつも舌で毛づくろいをしているので、そのとき食べてしまった毛が胃にたまって、毛玉（ヘアボール）になることがあります。これを吐くために葉を食べますが、室内飼いの場合、近くに雑草がないため観葉植物などを食べようとするネコもいます。しかし、観葉植物は毒性のあるものがあるので危険です。一般にエン麦というイネ科の植物が“ネコ草”として売られているので用意してあげましょう。

危険な食べもの

タマネギ・ネギ・ニンニクなどのネギ科

血液中の赤血球をこわしてしまう物質が含まれている。貧血を起こしたり、尿が赤くなる場合もある。ネギ科のものは、ネコが嫌うため、そのまま食べることはあまりないが、ハンバーグなどに混ぜてあるものには注意すること。

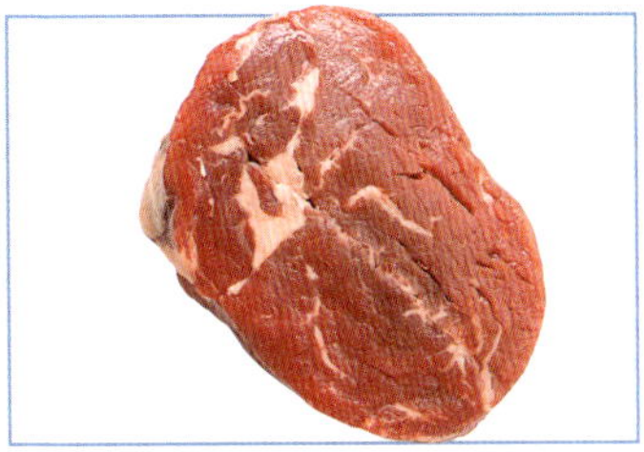

生肉

肉にはカルシウムの働きを妨げる成分が多く含まれているので、与え過ぎると骨が弱くなる可能性がある。また、消化不良を起こしたり、生の豚肉にはトキソプラズマという原虫がいることもあるので必ず火を通すこと。

チョコレート・ココア

中毒を起こす成分が含まれている。下痢や嘔吐、最悪の場合は、突然死してしまうこともある。また、甘いものはネコの心臓に負担をかけるともいわれている。

牛乳

牛乳に含まれる糖分（乳糖）をうまく消化できず、下痢を起こしてしまう場合がある。子ネコよりも成ネコに与えないように気を付ける。

サシミなどの生魚

サシミなどは、ついあげてしまうことも多いが、生魚にはチアミナーゼ（ビタミンB1分解酵素）が含まれているので要注意。サシミなどを与え過ぎると、ビタミンB1欠乏症を起こして、全身の運動機能障害に陥ることがある。

肥満は予防がなにより大事

ネコの肥満は人間同様、大きな問題になっています。一度肥満になってしまうと、その体重を減らすのは簡単なことではありません。肥満は飼い主の責任です。しっかり管理をしてあげましょう。肥満になってしまった場合、以下のことに注意してダイエットしてください。

カロリーコントロールがきちんとされているスリムなネコ。

ダイエットのコツ

1 カロリー摂取を抑える

摂取カロリーの目安は体重1kg当たり35～45kcal。分量は減らさずにカロリーは抑えられる、「低カロリーダイエットフード」に変えてもよい。また、本気で減量を必要とする場合は、低カロリーでも必要栄養素が十分とれる専用フードを使うこと。

2 適度な運動をさせる

室内ネコは運動不足になりがち。毎日30分程度、ネコじゃらしやボールなどで遊んであげると理想的。また、ネコが単独でも遊べるように運動しやすい環境を作ってあげることも大切（P58、P62参照）。

3 おやつ・間食を与えない

市販のネコ用おやつはカロリーが高いものが多いので、与えないようにする。欲しがる場合は、低カロリーのダイエット用おやつを与えるとよい。

4 ゆっくりやせさせる

体に負担がかからないように、時間をかけてやせさせること。目安としては、約3か月かけて、体重の10％を減らしていく。

見て、触って 肥満度チェック

理想

ネコの脇の下に手を入れて肋骨を触ってみてください。肋骨がすぐにわかれば理想の体型。また、上から見て首から腰まで寸胴のように同じ幅であれば問題ありません。腰の部分がくびれている場合は、やせ過ぎの可能性があるので注意しましょう。

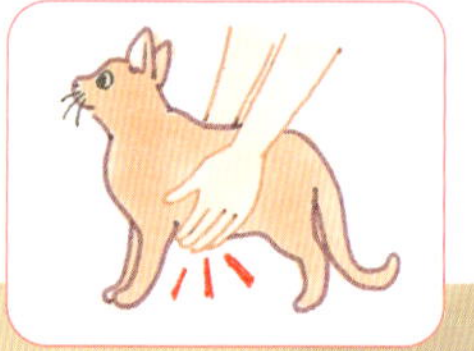

肥満

肋骨がなかなか見つからない場合は、肥満の可能性があります。また、上から見て腹の部分が腰よりもふくらんでいたり、顔と体の間にくびれがない場合も要注意です。

表を使って 肥満度チェック

資料提供／ウォルサム研究所

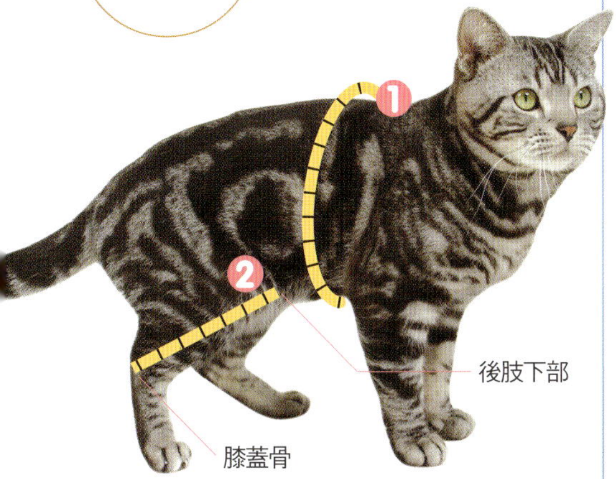

1 まず胸囲を測ります。

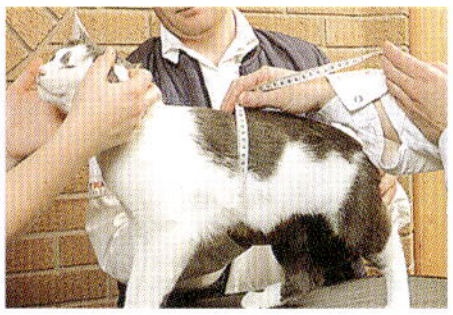

2 次に、膝蓋骨の中央から後肢下部までの長さ（LIM：脚指数測定値）を測ります。

3 グラフに胸囲の数値とLIMの数値を当てはめてみます。

- **赤** 体重過多
- **緑** 正常体重
- **青** 体重過少

こんなネコは太りやすい体質

どんなネコでも食べ過ぎれば、肥満になる恐れがありますが、それほど食べていないのに太りやすいタイプのネコもいます。

オス：1

- メスはオスの**1.3**倍
- 去勢オスは**1.56**倍
- 避妊メスは**1.88**倍

肥満のネコはリスクがいっぱい

肥満のネコは、正常体重のネコの5倍糖尿病になりやすいといわれています。内臓にも脂肪がつくことで、臓器の機能が低下し、さまざまな病気にかかりやすくなります。太っているネコは死亡率も高いので肥満には十分注意したいものです。

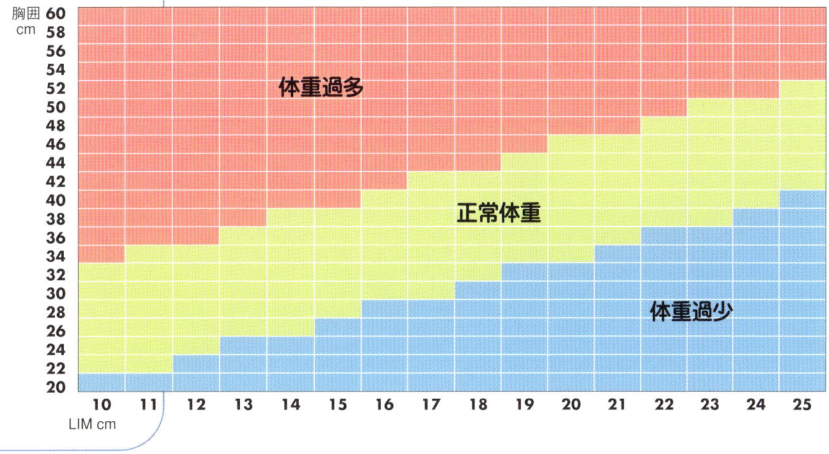

快眠のための環境作り

ネコ好みの寝室を用意する

寝るのが仕事とでもいうように、いつもゴロゴロしているネコ。
1日のおよそ3分の2は寝ているといわれています。しかし、それにはちゃんとしたワケが……
ネコの生態を理解して、安心して寝られる環境を作ってあげましょう。

1日約15時間の睡眠時間!?

ネコは“寝子”といわれているほど、よく寝る動物です。ちょっと遊んだかなと思うと、すぐにうとうと…。他の動物と比べても、この睡眠時間はとても長いようです。

ネコの睡眠時間には、食生活が大きく関係しているといわれています。肉食のネコは、ウマなどの草食動物と違い、一度カロリーの高いエサを食べてしまえば、あとは寝ていても十分一日を過ごせるエネルギーを蓄えられます。また、もともと狩猟動物なので、普段は無駄な動きをせず、寝ることでエネルギーの消費を無意識に抑え、獲物がきたとき瞬時に動けるようにしているとも考えられています。寝てばかりでつまらない…などと思わずに、ネコが寝ていたらそっとしておいてあげましょう。

こたつの中で寝るほど寒がりのネコ。冬はアンカを用意してあげると喜ぶ。

ネコが寝ていた場所は、洞穴や木の上だった

ネコが大昔、野生だったころ、寝場所は安全な「岩のすき間」や「木の洞」などでした。また、外敵や獲物がすぐ見付けられるように見晴らしがよく、外からは目に付かない「木の上」「崖の上」などもよく利用していました。やわらかく、寝心地がいいことも条件のひとつ。砂漠に住んでいたため、いつも乾燥している場所に寝ていたものと考えられます。そのため、飼いネコになった今でも、このような場所を寝床に選ぶことが多いようです。

寒がり！暑がり！

わがままネコが好む寝床

ネコが快適と感じる寝場所は次の3つ。この他に、ネコがいつも寝ている場所も好きなところです。そこに専用ベッドを置いてあげましょう。

1 冬は暖かい場所、夏は涼しい場所。

2 見晴らしのいい場所やひと目につかない静かで安全な場所。特に来客中や子供がいる家では、このような場所を好む。

3 いつも面倒を見てくれる飼い主が近くにいるところ。

ネコがうんと伸びをしたり、大きな口をあけてあくびをしているときは、だいたい寝起きのとき。この2つの動作で、脳と筋肉に酸素を送り込み、体を早く目覚めさせます。

ネコにも専用ベッドが必要

ベッドでネコと一緒に寝ている人もいるかもしれませんが、感染症などの心配もあるのであまりおすすめできません。ネコがどんなときも安心して寝られる専用ベッドを用意してあげましょう。市販でもさまざまなタイプのものがありますが、ネコが気に入ればダンボール箱にタオルや毛布を敷いたものでもOKです。選ぶ際の注意点は、次の3つです。

ベッド選びのポイント

1. 手足を伸ばして寝ても余裕のある大きさ。
2. 吸湿性があって、ふかふかとしたクッション性のあるもの。
3. 手軽に洗えたり、日に干せるもの。

ネコベッドのタイプ

クッション型ベッド

体重4～5kgのネコが丸くなって寝られるサイズ。囲いがない寝起きがしやすいタイプ。／ペット良品宅配便（P146）

シート型ベッド

頑丈なマットレスを使ったベッド。安定感もあるので、大きめのネコにおすすめ。インポートもののおしゃれなデザインなので、部屋のインテリアとしても最適。洗濯はできない。／A.P.D.C（P147）

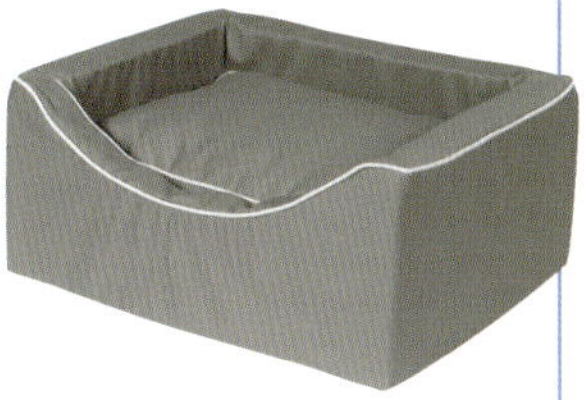

屋根付きベッド

ネコ好みの洞穴みたいな屋根付きベッド。タオルなどを敷いてあげれば、より気持ちよく眠れそう。水入れカバー付き。／ジョージ駒沢店（P143）

筒型ベッド

ネコが大好きな筒型ベッド。遊びにも使えて、どんなネコにもおすすめ。小さいネコなら2匹でもOK。／DOG&CAT JOKER 二子玉川店（P143）

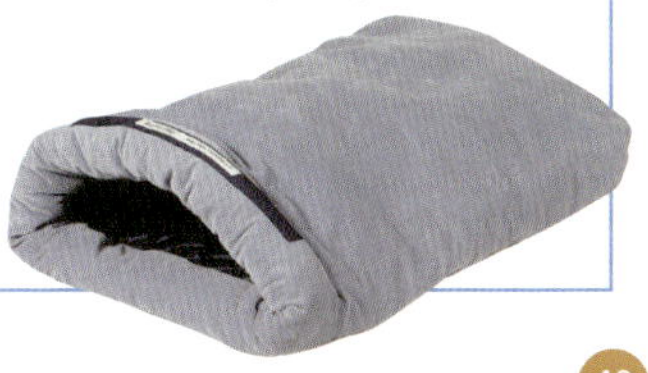

室内の被害を防ぐ爪ケア

爪とぎには上手に対処して

**爪とぎはネコの習性なので、しっかり対策を練らないと
気に入った家具や家の柱など、そこら中、傷だらけにしてしまいます。
また、ネコの爪とぎを制限する代わりに、飼い主が爪を切ってやることも必要です。**

爪とぎのしつけはネコとの根気勝負

ネコがあたり前のように毎日やっている爪とぎには、実はちゃんとした理由があります。狩りのためにつねに鋭く尖らせておく、古い爪のさやをはがす、自分の匂いを付けて縄張りを明確にするなど、どれも大切な理由です。爪とぎは、本能なのでやめさせようとするのではなく、決まった場所でするようにしつけましょう。まず、爪とぎの道具を用意します。市販でも木製からカーペット素材、ダンボール紙までさまざまなものがありますが、大切なのはネコが気に入ること。お気に入りがみつかるまで、いろいろな素材で試してみましょう。もっとも道具を用意したからといって、いつもそこで爪とぎをしてくれるとは限りません。ソファーなどで爪とぎをしているのを見つけたら、現行犯で叱り、所定の場所へ連れていきます。逆に上手にできた場合は、たくさんほめてあげましょう。

どうする? こんなとき

家具や柱に爪をたてる

しつけが思うようにいかない場合は、手術をして爪を抜くこともできますが、それではネコの大切な道具を取り上げてしまうようなもの。ストレスから問題行動を起こすこともあります。そこでおすすめしたいのが、アメリカでは一般的に使われているネイルキャップです。ゴム製のキャップを爪の上に接着剤で装着し、爪サックを作ります。ネイルキャップを装着することで、家具などで爪とぎをしても傷を付ける心配がなくなります。日本でも大型のペットショップなどで購入できます。

爪を切ってみよう!

必要な道具

- 動物専用の爪切り

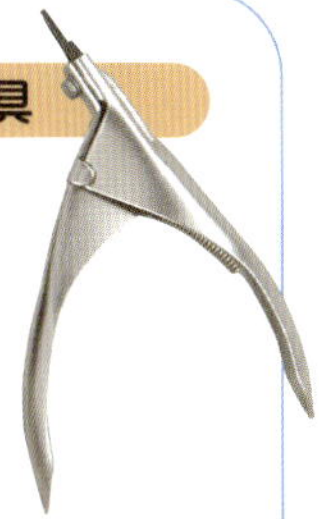

1

ネコを膝にのせて後ろから抱きかかえ、固定する。爪が伸びているか、指先を軽く押さえて爪を出して確認する。爪の先が鋭く尖っているようなら爪を切るサイン。

2

足をしっかり押さえて、動物専用の爪切りで透き通った爪先を1～2㎜程度切る。赤い爪の髄は神経なので切るととても痛く、出血することもあるので注意すること。

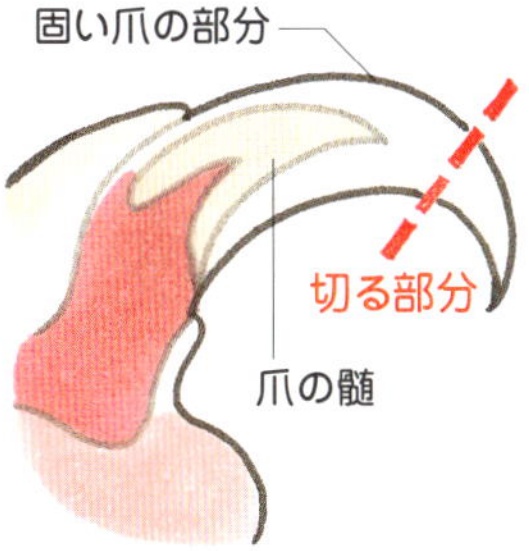

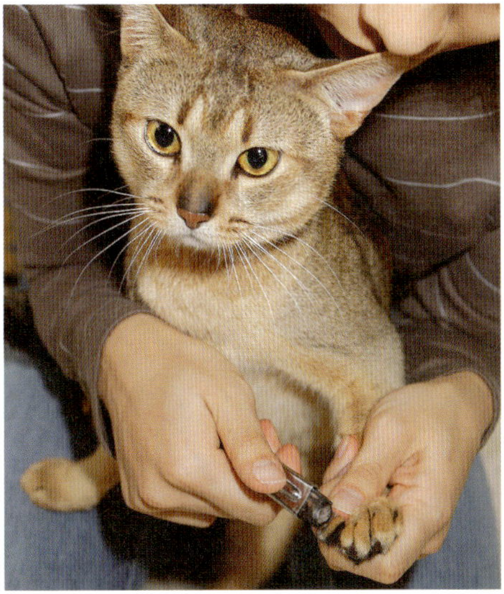

3

前足が終わったら、胴体を抱きかかえるようにして、後ろ足も同じように切る。

2週間に一度は伸びぐあいをチェック

室内で飼っているネコは、爪とぎをする場所が限定されるので、爪とぎが思うようにできず、爪が伸び過ぎることがよくあります。伸び過ぎてしまうと爪が折れたり、ひどいときには肉球に爪の先が食い込み、化膿してしまうことも。2週間を目安に爪をチェックし、定期的に手入れをしましょう。一度深爪などで痛い思いをさせてしまうと、爪の手入れが嫌いになってしまうので、十分注意しながら行ってください。

いざというときに役立つ!

クイックストップ(止血剤)

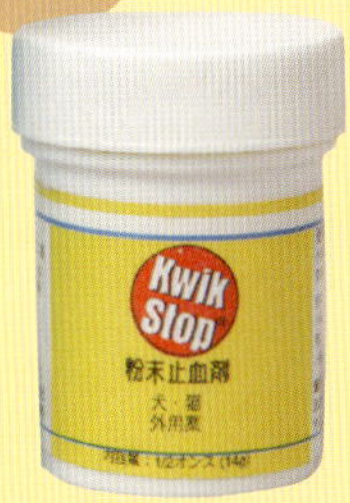

爪の髄を切ってしまい、もし出血してしまったら、血を止めるためにクイックストップ(止血剤)をぬってあげましょう。粉状なので、爪に軽く押さえるようにして付けてあげます。

※大型のペットショップで購入できます。

長毛種には欠かせない

ブラッシングでいつも清潔に

体の手入れの中でも、ネコにもっとも受け入れられやすいのがブラッシングです。子ネコのころからブラッシングを習慣にしておけば、成ネコになっても喜んでやらせてくれます。短毛種は汚れが目立ったときに、長毛種は毎日ブラッシングをしてあげましょう。

ネコはなぜ毛づくろいをするの？

毛づくろいは、ネコが毎日行う行動のひとつです。ネコの舌はザラザラしていて、そのざらつきがクシのような働きをして毛並みを整えています。なめることで唾液を付けて毛並みを整えたり、ツヤを出す働きもあります。その他にも以下のような役割があります。

清潔にする　汚れを落としてきれいにしたり、抜け毛やフケなども抑えます。

匂いを取り除く　自分の体臭を消して、狩りに備えているという説もあります。

ネコは体がやわらかいので、基本的にどんな場所も自分で毛づくろいできる。

手助けが必要なのは長毛種や老ネコ

アビシニアンやアメリカンショートヘアのような短毛種は、基本的に自分で毛づくろいするだけで十分。汚れが目立っていたり、毛づくろいが減ってしまう老ネコや病気の場合は、様子をみてブラッシングをしてあげましょう。

ペルシャやソマリのような長毛種は、自分で毛づくろいするだけでは十分に長い毛をとくことができないので、飼い主ができるだけ毎日ブラッシングをしてあげること。ブラッシングをしないと、毛玉がたくさんできて、無理に取ろうとすると皮膚を傷付けることも。こうなると獣医師に取り除いてもらうしかありません。こまめなケアを心がけましょう。

毛づくろいはネコの習性。でもあまりにも長い時間やっているときは、ケガや皮膚病など他の理由も考えて。

ブラッシングをしよう！

ブラッシングは子ネコのころから習慣にしておくことが大切です。成ネコになってから、いきなりやろうとしても嫌がり、なかなかやらせてくれないこともあります。また、ブラッシングを定期的にすることで、飼い主とネコが触れ合い、信頼関係を築くこともできます。どうしてもブラッシングを嫌がる場合は、短時間そっと体にブラシをつけて離すという動作を繰り返し、少しずつブラシに慣らしていきましょう。

必要な道具

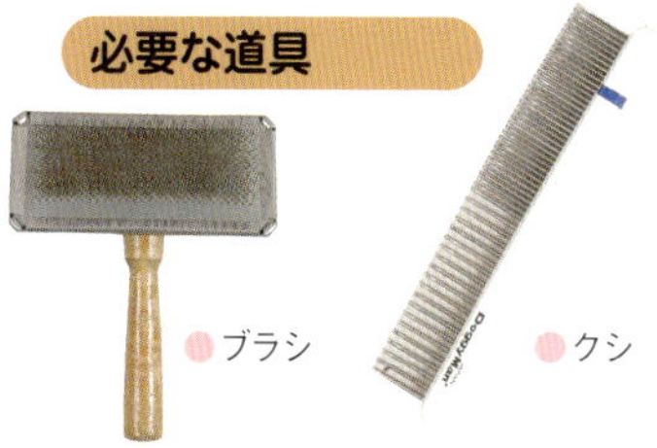

● ブラシ　● クシ

1

突然ブラッシングを始めるとびっくりしてしまうので、まずやさしく背中をなでるように、そっと上から手で押さえる。ネコが落ち着いたら、毛並みにそってブラシで背中の毛をゆっくりととかしていく。

2

首の下は特に毛玉ができやすい場所なので、顔を上に持ちあげて丹念にブラシでといていく。ブラシでとけない場合は、クシでゆっくりと絡まった毛をほぐしていく。

3

腹も毛玉ができやすいので、首の上をしっかりつかんで、ブラッシングする。とけない毛玉にはクシで対処。特に手や足の付け根は毛玉になっていることが多いので念入りに。

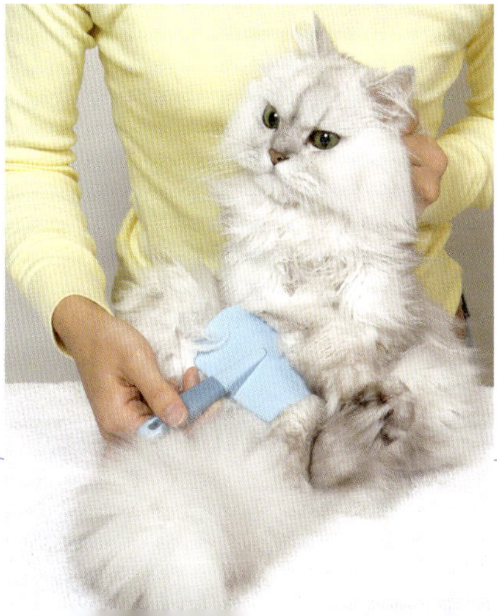

4

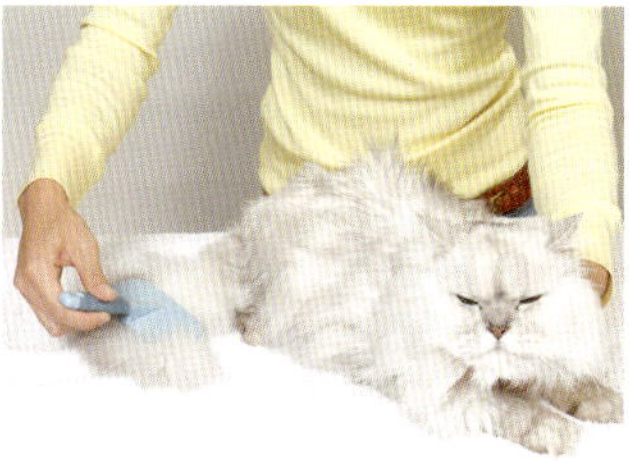

しっぽは敏感な場所なので、やさしくなでるようにブラッシングする。しっぽの毛が長い場合は、毛を左右に分けてから、それぞれブラッシングすると、ときやすい。

歯みがきが決め手

歯周病から歯を守ろう！

**ネコの歯のお手入れは案外忘れられがちですが、
まったく手入れをしないでいると3歳ごろには歯のトラブルが出てきます。
できるだけ子ネコのときから歯みがきを習慣付けるようにしましょう。**

歯周病は発症すると治りにくいこわい病気

ネコがなりやすい病気のひとつ“歯周病”は、一度なってしまうとなかなか治りにくい病気です。歯垢や歯石が原因の場合と、内科的な病気が原因になる場合があります。歯周病の初期の段階では、口臭がするようになり、悪化するとよだれを多量に流して、物が食べにくいような様子が見られます。さらに悪化すると悪臭のするよだれが出てきて、だんだん食欲がなくなってきます。歯の付け根あたりが黄色くなっている場合も要注意。最後には、歯が抜け落ちてしまいます。

歯が抜けるまでの道のり

歯石がつく
↓
歯肉炎になる
（歯肉が赤くなる）
↓
歯周病になる
（歯肉の炎症が進み、歯肉と歯の間にポケットができて、膿の袋が作られる）
↓
歯がぐらぐらする
↓
歯が抜ける

歯周病を防ぐ5つのポイント

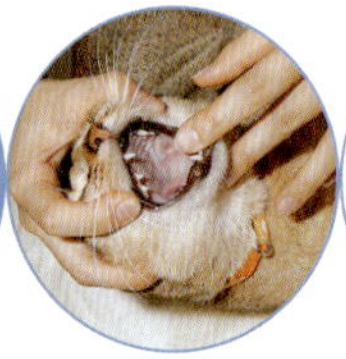

口の中に手を入れても嫌がらないように慣れさせる。

1. 歯みがきは週に2～3回行う
2. 歯肉、歯の点検は歯みがきをするときに
3. 口臭のチェックも忘れずに
4. 病院で歯石を年に1～2回取る
5. 症状があるときは病院へ

歯石の手入れは病院に任せる

歯石は2～3歳ぐらいから付き始めます。子どものころから歯みがきの習慣があるネコは、していないネコよりも予防はできますが、それでも半年～1年もたつと付いてしまうもの。また、ウェットフードを好んで食べるネコには、歯石が付きやすくなります。歯石を取る作業は、素人が行うと歯肉や歯に傷をつけてしまうことが多いので、必ず獣医師に取ってもらいましょう。年に1～2回が目安です。

上手な歯のみがき方

必要な道具

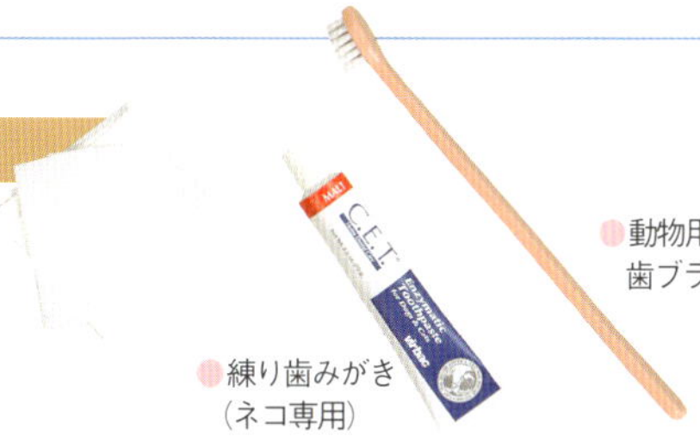

歯石や口臭チェックも含めて、週に2～3回は歯みがきをしてあげましょう。最初は湿ったガーゼでみがき、慣れてきたら汚れが落ちにくいところは動物用歯ブラシできれいにブラッシングします。歯と歯ぐきの間などのカスは歯ブラシの方がよく取れます。動物用歯ブラシは、ペットショップで購入できます。練り歯みがきの味や匂いを嫌がる場合には、湿ったガーゼのみで代用してもかまいません。

1

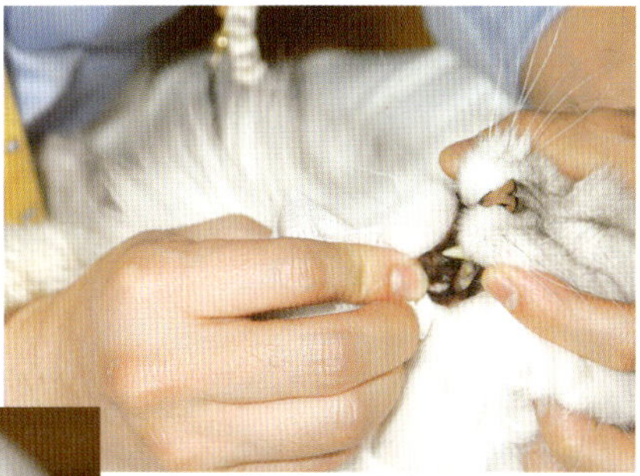

ネコを抱え込み、頭をしっかり押さえてから、やさしく唇を開け、歯肉や歯をチェックする。健康な歯肉は硬く、ピンク色をしている。

2

人差し指にガーゼを巻いて、ネコ用練り歯みがきを1～2㎝ほど出して、奥歯から順にみがいていく。そのとき、歯茎から歯の先に向けて指でぬぐうようにしてみがくこと。

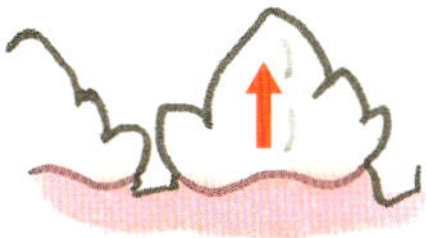

↑の方向に動かす。

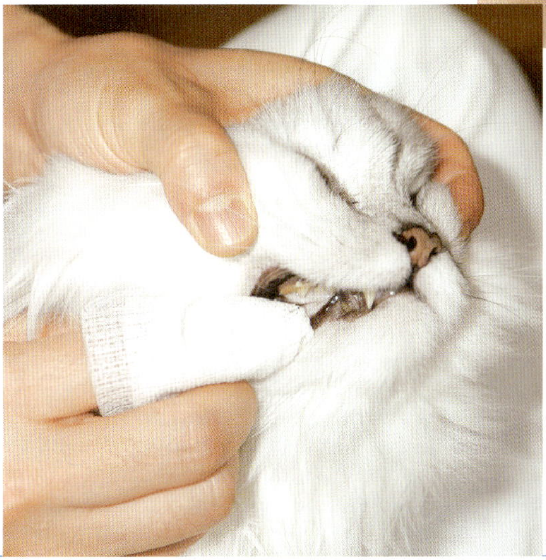

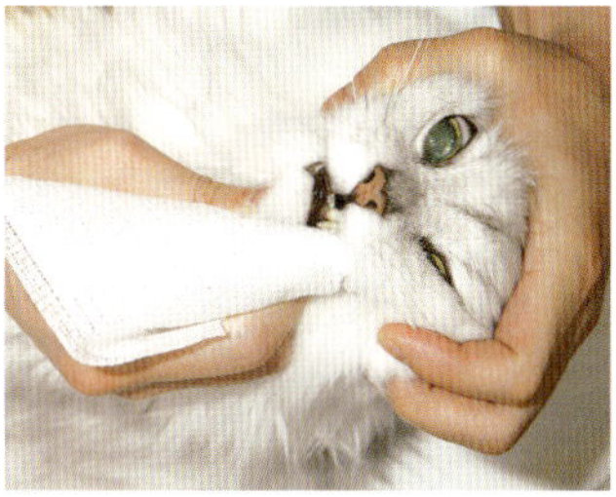

3 2と同じ方法で前歯もやさしくみがく。細かいところは歯ブラシを使うと取りやすい。

ノミ防止にも有効

シャンプーで美しさをキープ

**ネコは体が濡れるのが苦手なので、子ネコのときから慣らしておきましょう。
シャンプーをするときは、使う道具は手元に置き、暴れる場合があるのでひとり助手がいると助かります。
また、引っかかれる可能性があるので、ネコの爪は切っておきましょう。**

必要なのは長毛種 病気のときは避ける

短毛種は汚れにくいため、汚れが目立つときにシャンプーをすればそれで十分です。長毛種の場合は毛が長い分、ノミや汚れも付きやすく、特にフサフサしているしっぽは汚れやすいので、汚れが気になったらシャンプーを。シャンプーのし過ぎや、すすぎ方が悪いと毛のツヤがなくなりパサパサになってしまったり、皮膚病の原因になることもあるので注意しましょう。また、妊娠中や病気のときのシャンプーは体力を消耗するので避けること。汚れが気になるときは、蒸しタオルでやさしく拭いてあげたり、ドライシャンプーを使うとよいでしょう。

必要な道具

上手な洗い方

1

洗いおけにぬるま湯（人肌ぐらい）を約10cm入れ、足からゆっくり入れていく。急に濡らすとビックリするので、少し湯に慣れてから毛に湯をまんべんなく含ませる。顔はタオルやガーゼに湯を含ませて、少しずつ濡らしていく。

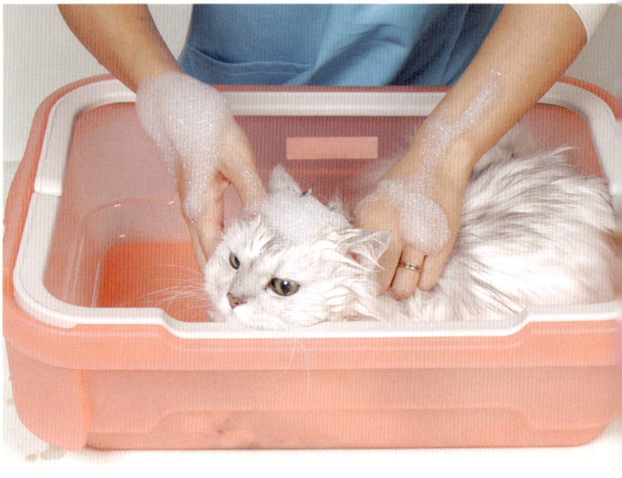

2

シャンプーを両手で泡立ててから指先で地肌をマッサージするように洗う。尻や足、しっぽなどの洗いにくい場所は特に念入りに。湯や泡が目や耳、鼻に入らないように注意すること。

3

シャワーか小さなボウルなどに入れたぬるま湯をゆっくり体にかけていき、シャンプーを十分に洗い流す。シャンプーの洗い残しは、皮膚病などの原因になることもあるので念入りに。

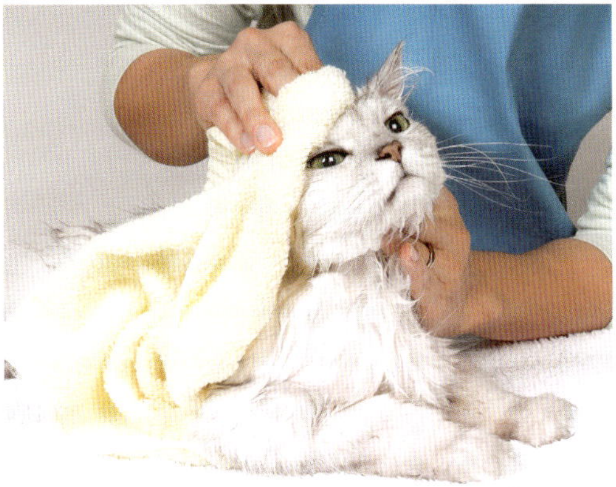

4

やわらかい大きめのタオルで、ネコを包むようにして顔から順に拭いていく。目のまわりや鼻、耳などはタオルの端を使ってていねいに拭くこと。

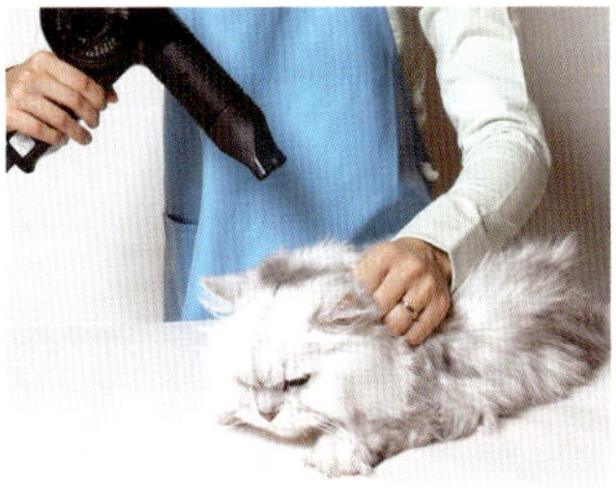

5

毛から10～20㎝離してドライヤーでていねいに乾かす。毛を手で分けながらドライヤーをかけていくと、ムラがなく早く、きれいに乾かすことができる。

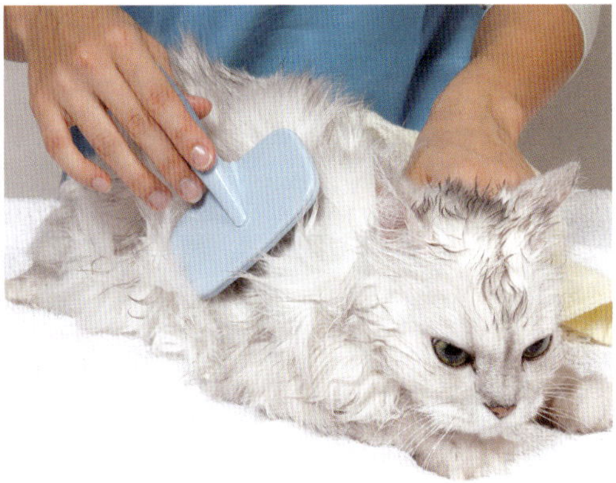

6

乾いたら、ブラシで毛並みにそって、やさしくブラッシングする。毛がからまっているところは、クシでブラッシングを。

7

体がしっかり乾くまでは、温かいところで休ませる。

ドライシャンプーで洗う

水を使わずに、毛を洗えるドライシャンプーは、手軽に使えてとても便利です。シャンプーほど洗浄力はありませんが、汚れの少ない短毛種のネコや、シャンプーでは体力的に無理のある妊娠中や病気のネコにはおすすめです。

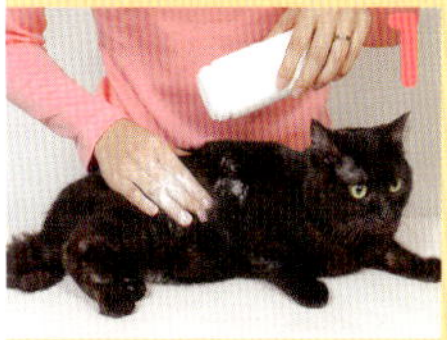

1 被毛にドライシャンプーのパウダーを振りかける。

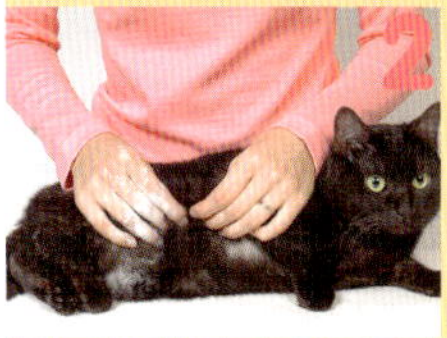

2 もつれている毛があれば、両手でゆっくりほぐしていく。

3 クシでパウダーを全体になじませつつ、汚れを取り除く。強くクシでとかすと皮膚を傷めてしまうので注意すること。

しつけと消臭の悩み

清潔トイレが成功のカギ

**ネコのしつけの中でも特に大切なトイレのしつけ。
また、家の中でトイレをさせる場合に問題になるのが臭い対策です。
どちらもネコとの快適生活を送るためには欠かせないこと。ひと工夫して解決しましょう。**

うちのネコはどんなトイレが好み？

ネコはきれい好きなので、清潔にしてあることが第一条件です。また、リビングなど人の出入りが多いところよりも、落ち着いてトイレができる、ひと目に付かない静かな場所を好みます。トイレの場所をあちこち変えるのもNG。ネコは変化を嫌う動物なので、最初に決めた場所からできるだけ変えないこと。トイレを移動するときは、ネコが気付かない程度に少しずつ動かしていきましょう。

トイレの代表的な3タイプ

箱タイプ

あまり深くなく、掃除がしやすい一般的な形。目隠しがないので、観葉植物の陰や部屋の隅に置くとよい。

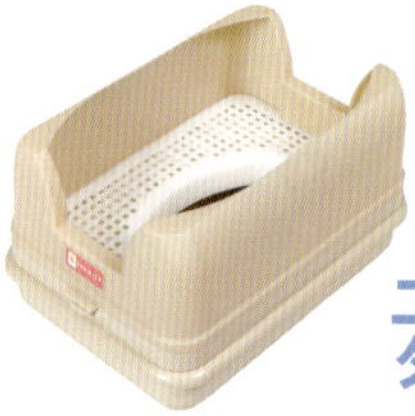

二層タイプ

すのこタイプで囲いがある。シートと砂の二層式で消臭力も抜群。

屋根付きタイプ

屋根が付いているので、砂が飛び散りにくく、臭いを抑える効果がある。また、屋根が目隠しになって、落ち着いて排泄ができる。

砂は、暮らし方とネコの好みで選ぶ

注）砂の捨て方は地区によって違うので、確認しましょう。

鉱物

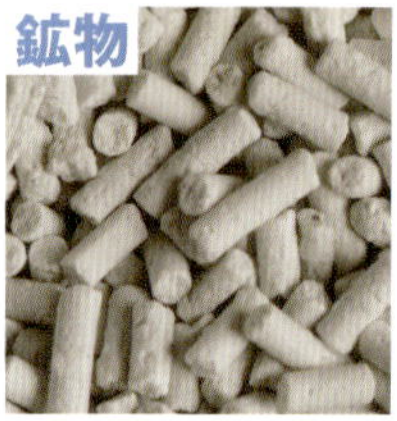

天然の鉱物を粉末状にしたもので、脱臭性・吸水性に優れている。より自然に近い砂のように小さな粒が特徴。固まらないタイプは、洗って数回使い回しもできる。重いので飛び散りにくい。値段はやや高いが人気のある砂。

紙

素材は紙なので尿などで固まりやすく、その部分だけ取り除きやすい。抗菌・脱臭剤入りなので消臭効果にも優れている。また、水洗トイレに流せたり、燃えるゴミにも出せる。軽いので、購入したときの持ち運びにも便利な上、他の砂よりもやや安い。散らかりやすいのが難点。

木材

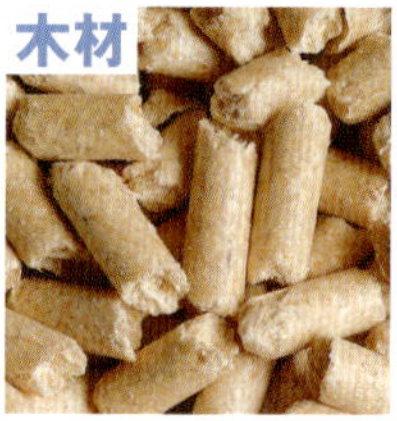

原料は針葉樹。抗菌・脱臭作用に優れ、尿の吸収も抜群にいい。また、大きい粒なので飛び散ることが少なく、燃えるゴミにも出せる。固まらないタイプは洗って数回使い回しもできる。

キャットシーツも便利

砂の代わりに使用するキャットシーツ（トイレ用シーツ）は、吸水性抜群の上、掃除が簡単。ネコが排尿したらシーツごと捨てるだけ。

トイレのしつけは初めが肝心！

生後3～4週間して固形の食事をするようになってから始めます。ネコはきれい好きな動物なので、トイレを覚えさせることそのものは、それほど難しいことではありません。万一、粗相をした場合はすぐに掃除して、念入りに臭いを消しましょう。ネコは、自分の臭いが付いていると何度もそこで排泄をしようとする習性があるからです。また、もし失敗しても怒らないこと。排泄そのものがいけないと勘違いして、隠れてする危険性があるからです。

どうする？ こんなとき

トイレを使いたがらない

トイレを覚えたはずなのに、また失敗してしまったときは、トイレに不満があるのかもしれません。場所が気に入らなかったり、トイレが汚れていたり、原因は必ずあるはず。なお、快適なトイレにもかかわらず粗相をする場合は、消化器系の病気や泌尿器系の病気、またはストレスなども考えられます。なかなか治らない場合は獣医師に診てもらいましょう。

トイレを覚えさせる

1 静かなところにトイレをおく。ネコが落ち着かなくなり、ウロウロしてきたらトイレの合図なので、そっと持ち上げてトイレに連れていく。

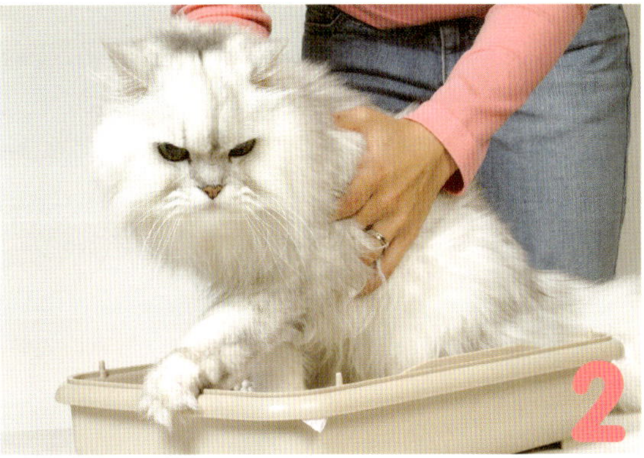

2 砂の上に静かに載せてあげる。ネコがトイレを使っているときは、飼い主は音をたてずに静かに見守ってあげること。

3 トイレで上手に用が足せたら、やさしくなでてほめてあげる。これを何度も繰り返す。

お役立ちグッズ

しつけスプレーとは

トイレのしつけがうまくいかない場合は、しつけ用のスプレーをトイレ砂やキャットシーツの中央部分にスプレーしてみましょう。トイレの場所をスプレーの尿の臭いで教えることで、スムーズにトイレで用が足せるようになります。ただし、個体差もあるのですぐにうまくいかなくても焦らず、何度か繰り返してみましょう。

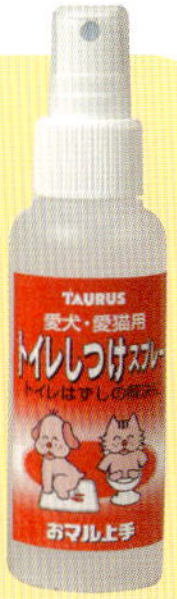

ネコがトイレをしている最中、あまりジロジロ見ないこと。そっとしておくことが大切。

トイレの掃除は1匹なら1日1回でOK

ネコはとてもきれい好き。最低1日に1回はトイレをきれいに掃除しましょう。便はシャベルなどでそっとすくい余分な砂を落とします。尿は濡れた部分や、固まった砂を取り除きます。トイレのケースもときどき洗い、清潔を保つように心がけましょう。

取り残しがないか確認し、捨てた分量の新しい砂を加えて、表面を均等に整える。

尿や便は健康のバロメーター

ネコの健康状態を知るために尿や便の状態を確認するのはとても大切なことです。掃除のときに観察して、普段と違う状態がいつまでも続くようなら、獣医師に相談してみましょう。

トイレの臭いをシャットアウト

トイレの臭い対策は、室内でネコを飼ううえでとても大きな問題です。ネコのトイレが部屋の中にあると、どうしても臭いが気になります。トイレをきれいに掃除しても、梅雨の季節など、ほんの少し便や尿が残っているだけで臭いはするもの。効果的な消臭法は、まめな掃除と換気を心がけることです。そのうえで消臭剤を使えばさらに臭いを取ることができます。

1 すぐに片付ける

トイレを使ったら、なるべく早く尿や便を片付ける。時間を置くと片付けても砂などに臭いがしみ込んでしまうのでスピードがポイント。砂の代わりに、紙状の「キャットシーツ」もおすすめ。排泄したらシーツごと捨てるので、臭いを残しにくい。

2 部分換気

トイレの置き場所として、近くに換気口があるかないかはとても重要。窓に近い場所やトイレなど換気扇が近いところがおすすめ。匂いがこもってもその部分だけすぐに換気をすることができる。

3 部屋全体を換気

1日中キッチンとトイレ、風呂場の換気扇を付けておくのも、ひとつの方法。キッチンの換気扇は強力なので"弱"でもかまわない。これでマンションなら家全体の換気がほぼまかなえるので、どこにでもトイレを置くことができる。電気代も思ったほどかからないので試してみて。

4 消臭スプレーをかける

さまざまなメーカーから消臭用のスプレーが市販されている。香りは好みがあるのでいくつか試して、ベストな消臭スプレーを探してみて。人間やネコに害がない自然素材で作られたものがおすすめ。

こんなものもある！
おすすめ便利グッズ

UNITED PETS ポット付きシャベル

トイレ用シャベルなのにこんなにおしゃれ。ポットにしまうと、フタがしまる構造だから、嫌な臭いも漏れにくい。／ペット良品宅配便（p146）

電解イオン水ONE シリーズ（消臭スプレー）

これ1本で消臭・抗菌・汚れ落としが可能。薬品などを一切使っていないのでネコや人間にも安全。／GANKO HOMPO（P145）

ワンレイペット（消臭スプレー）

天然樹木のエキスで作られていて、ペットの尿や便の消臭効果が高く、持続性にも優れている。／DOG&CAT JOKER 二子玉川店（P143）

トイレの上にかぶせるフード

ダンボール素材の組み立て式。内側が炭で加工されているので、トイレにかぶせるだけで臭い対策になる。外観もおしゃれ。／BIRDIE And b.c.d（P144）

ネコのトイレマット

トイレの出入り口に敷いておくマット。ネコはトイレをしたあと、砂や糞尿を足に付けたまま出てくることがあるので、このマットがあれば部屋を汚す心配が少なくなる。／DOG&CAT JOKER 二子玉川店（P143）

消臭粉

粉末なので、ネコ砂やキャットシーツに振りかけて使用する。臭いが気になるカーペットなどにも振りかけることができる。消臭効果はスプレーよりも長く続く。／DOG&CAT JOKER 二子玉川店（P143）

トイレの後にお尻の掃除をしているネコの定番ポーズ。長毛種の場合は、自分ではきれいにしきれないことも。糞尿が付いていたら、その部分だけ洗ってあげて。

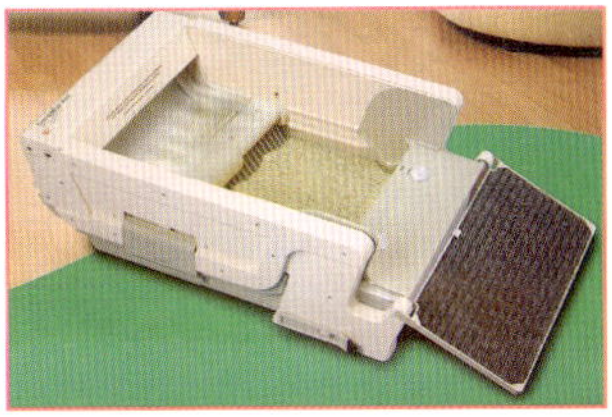

全自動ネコトイレ

トイレにネコの砂をセットしておけば、用を足した10分後には自動的にアームが動き、排泄物をきれいに掃除してくれるという画期的なトイレ。／ペット良品宅配便（P146）

column. 2

ネコのからだ

鼻
興味のあるものには何にでも近づけ識別。すっぱいものやキライな匂いには鼻の上にシワを寄せイヤな顔をする。

耳
片耳ずつ音のする方向に動かせ、180°後方の音もつかむ。人間より1オクターブ半も聴覚の範囲が広いので高い音や子供のカン高い声が苦手。主人の帰る足音、とくに缶詰の音に敏感！

目
人間より、薄暗いところでもよく見える。見える範囲も広い。

ヒゲ
ネコのセンサーであり、バランスをとるための大事な感覚器官！ 自分がくぐれるかすき間の巾を測ったり、暗いところでもヒゲの触覚で行動できるので決して切らないで。

口
ネコは基本的に口呼吸をしない。口で呼吸しているときはかなり苦しい状態なので、すぐ獣医さんに相談を。

被毛
トップコートとアンダーコートの二毛性。トップコートで体を保護し、アンダーコートで体温調整。

足
犬と違い、かなり内側にも向くので、前足でものをキャッチしたり、木に登ったりできる。

シッポ
シッポで感情をキャッチ！ うれしいときも不機嫌なときもふる。えものを狙うときは腰までいっしょにフリフリ。

指
指もやわらかく、かなり広がる。爪の出し入れができ、指の長く大きいネコは爪も長く大きい。

Part 3

うちネコの精神的ケア

ネコにだって ストレスがある

- 部屋で楽しく暮らすには
- ストレスネコのメンタルケア
- 「遊び」は、ネコの必須科目
- 指圧で心も体もリラックス
- ネコのツボ大図鑑
- 徹底追跡！うちネコの24時間

健康・快適・安全に

部屋で楽しく暮らすには

人間にとって暮らしやすい部屋でも、ネコにとっては危険なことも…。
ちょっとした工夫で人にもネコにもやさしい空間が造れます。
家の中だけで暮らしている愛ネコが元気よく遊べ、ゆっくり寝られる快適な部屋造りを目指しましょう！

子ネコのときから外に出さない

室内でネコを飼いたい場合は、子ネコのときから外の世界を教えないようにしましょう。一度外の楽しさを知ってしまうと、目を離しているすきに脱走する恐れがあります。また、外の世界を知ってしまったネコを部屋に閉じ込めておくことは、大きなストレスになります。“初めから外の世界を教えない”、これが室内飼いにするための鉄則です。また、心配なのが運動不足。解消するためには、飼い主が遊んであげたり、室内での運動量が自然に増えるように工夫するとよいでしょう。ネコは高いところに飛び乗ったり、飛び降りたりと、上下に運動するのが好きな動物です。そこで、家具を配置する際にも、階段のように段差を付けてあげると喜んでよく動くようになります。トイレ、食事スペース、寝床は、部屋の隅などの静かで落ち着ける場所に作ってあげましょう。

外をずっと見ている姿はなんともかわいそう。でもネコのためにも甘い気持ちは厳禁。

どうする？
こんなとき

外に出たがってしかたがない

ベランダに出してあげるのもひとつの方法です。転落したり、脱走しないように、ベランダに防護柵を張って出してあげましょう。できれば、外に関心を持たないように、目隠しになる柵がおすすめです。外気にふれることができて、日向ぼっこもできるので、ネコも喜んでくれるはずです。

危険を回避する部屋造り

ネコにとって、人間の部屋の中は危険がいっぱい。感電や転落、やけどなどをするさまざまなデンジャラスゾーンがあることを、飼い主が把握しておきましょう。

キッチンには近付けない

キッチンには多くの危険が潜んでいる。調理中は入れないように、入り口を柵でふさいだり、使っていないコンロは防護網で囲うなどネコが近付きにくい環境にする。また、鍋などをコンロに置いたままにしておくと、ひっくり返す危険がある。出しっぱなしにしないこと。

電気コードには保護カバー

電気コードは感電などの危険が伴うので、カーペットや家具の裏に隠したり、市販のプラスチックカバーを付けるとよい。

部分的にカーペットを敷く

ネコが高いところから飛び降りるとネコの足への負担が心配。音も案外気になるので、ネコがよく飛び降りるところにマットやカーペットを敷く。

風呂の水は抜いておく

風呂の水をためたままにしておくと、落下した際におぼれてしまうことも。フタをするか、水を抜いておく。

ベランダには防護柵

ベランダに出す場合は、落下や脱走を防ぐために防護網などを張る。

洗濯機はフタをする

グルグル回っている洗濯槽の水に興味を持ち、飛び込んでしまうことも少なくない。洗濯機を回しているときは、フタをするのを忘れずに。

飼い主だけが頼り

ストレスネコのメンタルケア

ペットになってから数千年、つい最近まで、外と家の中を自由に行き来していたネコ。いくら家の中だけで快適に暮らせるようにしてあげても、ストレスから問題行動を起こしたり、病気になることもあります。適切なメンタルケアをしてあげましょう。

血液検査でわかるストレスの有無

服をかんだり、粗相をしたり、ネコの困った行動は、飼い主にとっては頭の痛い問題です。でも、これがストレスからきていることも少なくありません。ストレスの原因は、右記のような騒音や病気から食事の問題までさまざま。このような原因が考えられる場合は、ひとつずつ解消してあげましょう。

工事や隣家の音ならカーテンを厚くしたり、壁に本棚を置いてみます。病気やケガなら病院へ。食事、トイレなどに関しては各ページを参考にしてみましょう。

実際にストレスを感じているかどうかは、ストレスによって起こる変化「ストレス信号」(右記)が目安になります。また、病院で血液検査をしてもらい、リンパ球の数を調べる方法もあります。ストレスを強く感じていると、血液中のリンパ球が減少。1500個以下／1マイクロリッターであれば、ストレス状態にあると考えられます。

ストレスがあるときは、毛づくろいをしながら、自分の体をかんで傷付けてしまうこともある。

見逃さないで!

ストレス信号

- グルーミングを長時間している。
- 服や敷布などをかむ。
- シャムなどのオリエンタル種は、特に羊毛製品をかむ。
- 粗相をするようになった。
- 去勢したのに、メスなのに、スプレーをする。
- 理由もなく鳴き続ける。
- 性格が闘争的になった。
- 極端に臆病になった。
- 下痢、あるいは便秘をする。
- 食欲がなくなった。

いろいろある、ストレスの原因

- 工事などの騒音。
- 他のネコなど、新しい同居人の出現 (p105)。
- トイレがきたない、落ち着かない (p52)。
- エサをきちんともらえない (p37)。
- 栄養のバランスが悪い (p37)。
- ひとりでいられる寝場所がない (p43)。
- 引っ越しした直後 (p33)。
- 病気やケガをしている。

たくさん触れ合い、信頼関係を築いて。安心感を与えることが大切。

究極のストレス対策 十分な信頼関係を築く

ストレスを減らし、問題行動を抑えるためには、飼い主のかかわり方も重要になってきます。かまい過ぎればストレスになり、かまわなければそれも寂しくてストレスに。特に飼い主とネコ、ふたりで暮らしている場合は、飼い主の影響が大きくなります。ネコに上手に接してあげて、飼い主そのものがネコのストレスにならないように気を付けてあげましょう。ここでは上手に接して、ネコの信頼度を高めていく方法をご紹介します。飼い主との十分な信頼関係があれば、ネコの精神状態も落ち着き、たとえストレスがあってもそれに負けない心身をつくることができます。結果的に、さまざまな問題行動も抑えられることに。少しずつ段階を踏んで試してみましょう。

4段階式・信頼度アップ術

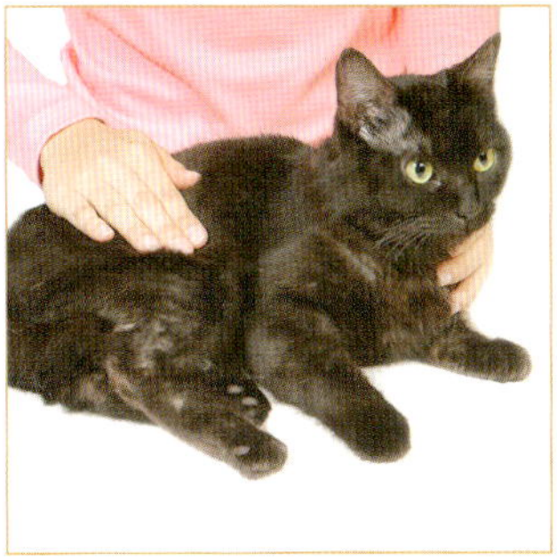

step 1 背中をやさしくなでる

ネコの方から近寄ってきたときに「首から背中」にかけてなでてあげる。この場所は初対面の人にも触れさせる、ネコがもっとも受け入れやすい場所。目の高さを同じにすると恐怖感が薄れる。ストレスでおどおどしているネコにもいい。

step 2 腹をなでてみる

腹は敏感で無防備な部分なので、なかなか触らせないかもしれない。自分から寄ってきて、触ってほしいサインを出したときに試してみる(p28)。気持ちがよいことがわかると、次からも触らせるようになる。ただし噛み付くなど、嫌がれば、すぐにやめる。

step 3 手からエサを与える

飼い主とネコの信頼関係はエサをきちんと与えることから始まる。そのうえで、食事どきに、いつも世話をしている人が、手からエサを与えてみる。子ネコ以外、なかなか食べないものだが、食べれば信頼度はだいぶ高くなっていると考えられる。

step 4 グルーミングをする

ネコが自分から寄ってきたときに、軽くなでてからブラッシングをやってみる。グルーミングを普通にやらせるようになったら、信頼度は高い。その後は定期的に行い、習慣付ける。

勉強になる、運動になる

「遊び」は、ネコの必須科目

**子ネコにとっては、遊びが仕事であり勉強であり、
成ネコにとっては、遊びが運動不足やストレス解消になります。
幸いネコはとても遊び好き。ネコ好みの遊びを知って、十分に遊ばせてあげましょう。**

遊びながら学び、大人になる

骨や筋肉などが育つ子ネコの時期は、丈夫な体を作るために遊びがとても重要です。また、成ネコになるために必要な社会勉強は、子ネコ時代の遊びから学ぶことがほとんどです。基本的にネコは6か月を過ぎるとあまり遊ばなくなるので、そのときまで子を育てる親の気持ちになって、大いに遊ばせてあげましょう。もともとネコは興味をもったものならどんなものでも遊び道具にしてしまいます。部屋のものに危害を加えないように、下記のようなお気に入りのおもちゃをみつけ、いつも用意しておきましょう。一人遊びだけでなく子ネコ同士で遊ばせることも重要ですが、室内飼いのネコは複数のネコを飼っている場合を除いて、他のネコと接することがありません。そのようなネコには飼い主との遊びがすべてになるので、この時期はできるだけ時間をとってあげましょう。

また、成長しても、うちネコには遊びが欠かせません。家の中だけではどうしても運動不足になりやすく、ストレスもたまりやすいからです。成ネコになっても生きもののような動きのものにはよくじゃれついてくるので、こまめにネコじゃらしなどで遊んであげましょう。

一人遊びをさせるなら

ネズミのおもちゃで

大きさといい、感触といい、ネズミそっくりのぬいぐるみもおすすめ。ネコがじゃれると、しっぽがまるで本物のネズミのように動いて、飽きさせない。

筒状のボール紙で

筒型にしたボール紙は、好奇心旺盛なネコが大好きな遊び道具のひとつ。「何がいるんだろう…」と、さっそく中に入り込んで確認している。

毛糸玉で

狩猟動物のネコは、動くものを見ると追わずにはいられない。コロコロと自分で回しているのに、思わぬ動きをしたり、毛糸がほぐれていくので、夢中になってじゃれ回る。

一緒に遊ぶなら

ネコじゃらしを振る

ネコじゃらしを上下に振り、まずは関心をもたせる。近付いたら離すという動作を繰り返す。単調な動きよりも生きもののような変化のある動きが好き。

ネコじゃらしタイプ

ヒモタイプ

ネコじゃらしを這わせる

ヒモ付きのネコじゃらしを使い、地面をゆっくり這わせるように動かす。ネコが近付いたら、ひゅっと引っ込める。最近はネズミが付いたものやトリが付いているものもあり、ネコも興味しんしん。

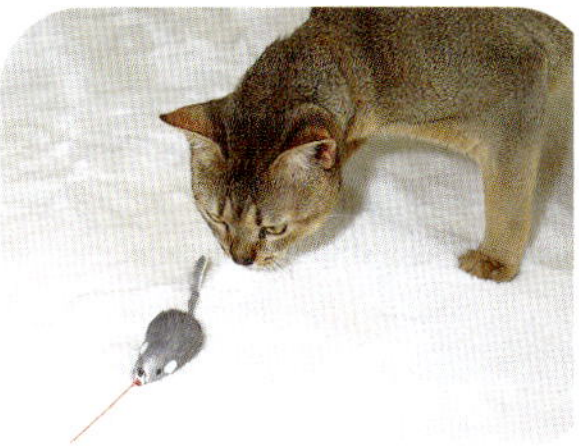

ボールを投げる

毛糸で編んだボール

動きが不思議なボール

なかに鈴と鳥の人形が入ったボール

ボールは物陰から投げるとすぐにじゃれてくる。見た目は普通のボールでも、中にオモリが入っていて、動きがおもしろいボールもある。できるだけネコのふところに入る小さいサイズを選ぶと遊びやすい。

光を走らせる

案外興味をもつのが光。懐中電灯や手鏡などで光を走らせると飛び付いてくる。

触れ合いにもなる

指圧で心も体もリラックス

ネコにも人間と同じように体全体にツボがあります。
まだ、あまり知られていませんが、中国ではその専門書も出ているくらい。
ネコのツボを知り、マッサージを習慣にしてみませんか？

予防に力を入れる東洋医学の考え方とは

西洋医学では、ネコに明らかな病変が現れてから診断名が付けられて治療を始めます。元気がない、食欲がないなどのちょっとした不調は、気が付きにくいので治療の対象にはなりません。一方東洋医学では、「未病」といって、病気になる前のちょっとした不調の段階でも治療法があり、体のバランスを整えて、病気を未然に防ごうとします。治療法としては、生薬の服用や、鍼などがありますが、ここでは飼い主が気軽に自分でできる「指圧」を試してみましょう。

ネコの指圧にも人間同様の効果がある

指圧の効果は、人間と同じで、血行をよくすることで全身に新鮮な酸素や栄養分を送り、免疫力や自然治癒力を高めるといわれています。指圧をすることでネコの体全体にたくさん触れるので、小さな変化にも気付き、病気などの早期発見につながることも少なくありません。

指圧をするのは、ネコがリラックスしているときがおすすめ。毛づくろいをしたり、のびをしているときに試してみたい。かまってほしくて自分から近寄ってきたときもチャンス！

指圧をしてあげて、こんな風に気持ちよさそうにしていれば、ネコもきっと喜んでいるはず。

指圧をしてみよう

ツボの「探し方」

P66～67でネコの体のツボの位置をだいたい把握し、それからツボと思われるところに手を当ててネコの様子をみましょう。“気持ちいい”ことが一番大切なので、嫌がるところはいくらツボでも避けること。普段からよくネコに触れて、信頼関係を築いておくことも大切です。

どうする? こんなとき

指圧が嫌いみたい…

ネコによっては指圧をしても、気持ちよさそうにしない場合があります。そういうときは、ツボの位置が間違っているか、かまってほしくないか、信頼関係が築かれていないなどの原因が考えられます。あまりにも嫌がる場合は、指圧は苦手なのだと判断し、やめた方がいいでしょう。また体が硬直していたり、極度に緊張している様子がみられる場合もストレスをためてしまうので避けましょう。

ツボの「押し方」

親指で押す

親指をしっかりたてて、少しずつ力を加えていきます。人間にとっては少し弱いかなというぐらいの強さで十分です。

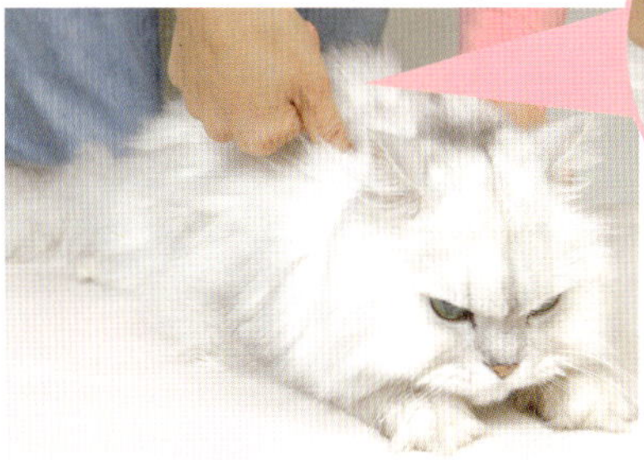
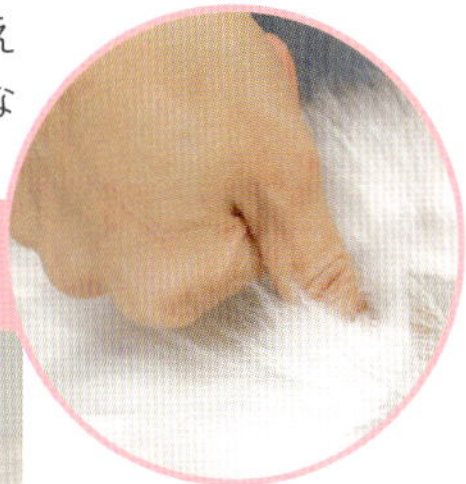

ネコの様子をチェックしながら押していく。

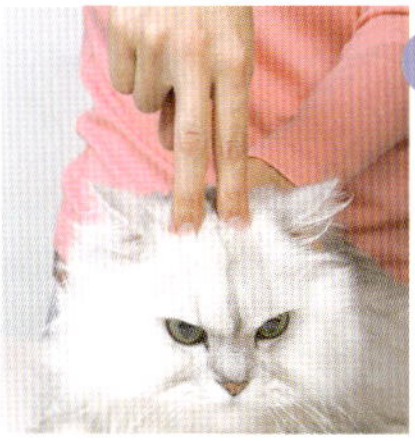

人差し指と中指で押す

頭を指圧する場合は親指では強過ぎるので、人差し指と中指を使って、やさしく押します。

皮膚を引っぱる

皮膚を軽く引っぱるだけでもツボを刺激することができます。ネコの皮膚は人間の皮膚と違い、ある程度強く引っぱっても大丈夫です。

指で押すよりも、たくさんのツボをいっぺんに刺激することができる。

ネコのストレッチ

ネコの両手と両足をエビフライの形になるように持ちます（写真参照）。全身を伸ばすことで、血行をよくし、コリを解消します。ただ、嫌がる場合は無理をしないこと。

ネコのツボ
大図鑑

ネコにも人間と同じように、全身にたくさんのツボがあります。効能もさまざまなので、症状にあうツボを探して、指圧をしてあげましょう。

※参考資料『中(漢方)獣医学マニュアル』

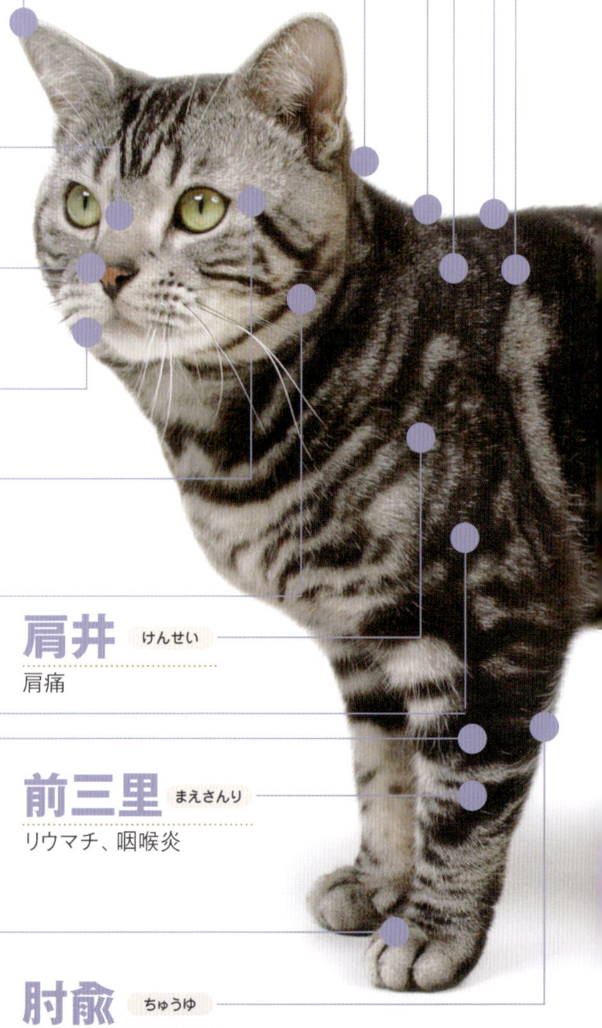

耳尖《じせん》
眼病

膊尖《はくせん》
頚部痛、関節炎

大椎《たいつい》
熱性病の降温(熱さまし)

伏兎《ふくと》
子宮疾患、聴覚障害

眼脈《がんみゃく》
眼病

素髎《そりょう》
呼吸器系障害

人中《じんちゅう》
ショック・めまい

太陽《たいよう》
眼病

牙関《がかん》
顔面筋ケイレン

肩井《けんせい》
肩痛

搶風《そうふう》
肩関節痛、便秘

曲池《きょくち》
前肢疾病、熱性疾病、便秘

前三里《まえさんり》
リウマチ、咽喉炎

指間《しかん》
聴覚障害

肘兪《ちゅうゆ》
肘の局部痛

身柱《しんちゅう》
肺炎、気管支炎

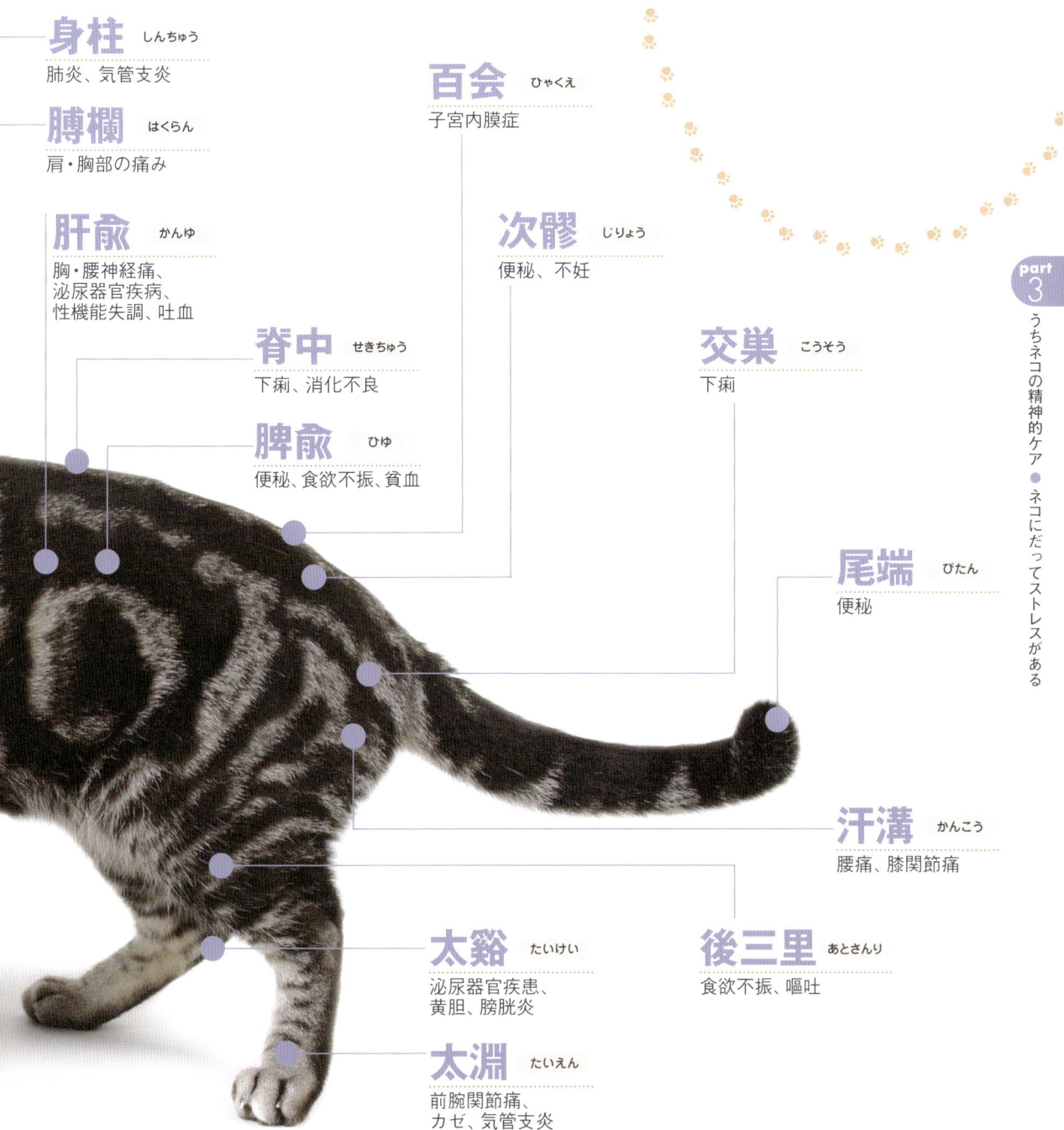

百会《ひゃくえ》
子宮内膜症

膊欄《はくらん》
肩・胸部の痛み

肝兪《かんゆ》
胸・腰神経痛、
泌尿器官疾病、
性機能失調、吐血

次髎《じりょう》
便秘、不妊

脊中《せきちゅう》
下痢、消化不良

交巣《こうそう》
下痢

脾兪《ひゆ》
便秘、食欲不振、貧血

尾端《びたん》
便秘

汗溝《かんこう》
腰痛、膝関節痛

太谿《たいけい》
泌尿器官疾患、
黄胆、膀胱炎

後三里《あとさんり》
食欲不振、嘔吐

太淵《たいえん》
前腕関節痛、
カゼ、気管支炎

徹底追跡!

うちネコの24時間

仕事などで、ネコにお留守番をさせるとき「昼間、1匹でかわいそう」などと、不憫がる必要はありません。ネコは食事・排泄・グルーミングなどを気の向くままにやり、その他は主に寝て過ごしているからです。

profile

名前:チー坊
体重:5kg
性別:男子
年齢:6歳
好きな食べ物:ネコ缶

a.m. 6:50

小鳥のさえずりで起床

本日も
晴天なり

a.m. 7:10

飼い主さんに朝のごあいさつ

a.m. 7:20

食事中はテレビも見ないし新聞も読まない

今日も
元気だ、
ネコ缶

a.m. 7:50

食後の毛づくろいは、ていねいに

アレッ、
まだ
寝てるコが
いる!

a.m. 7:52

一日一善

a.m. 8:10

飼い主さん出勤

お見送りしようっと

寄り道しないで帰ってきてね！

a.m. 9:30

ツメとぎしながら夢の中へ

この角度がたまらない…

p.m. 0:00

厳しい現実

アッ！ボクの昼ごはんが…

p.m. 0:30

飼い主さんへテレパシー送信中

どうか、早く帰ってきてください

どうする？こんなとき

粗相をしたり、壊したり、お留守番が苦手です

ネコにお留守番を頼むときは、飼い主としても守るべきマナーがあります。まずは次のことをきちんと行いましょう。そうすれば、あなたのネコはお留守番の達人（？）に。

1 トイレはきれいか？
出かける前には必ずチェックを。

2 エサと水は十分か？
特に夏場は要注意。涼しい場所に新しいエサと水を置いてあげて。

3 貴重品はしまったか？
ネコにいたずらされたくない貴重品は、引きだしなどにしまいます。留守中のトラブルを防ぐために知恵をしぼるのは、飼い主の役目。「留守中にわざと壊したわね！」などと決して叱らないこと。

4 フォローをしているか？
帰ってきたら、必ずネコに声をかけて遊ぶなど、あなたなりのフォローを行って。ネコの信頼を得るには「ギブアンドテイク」の精神を忘れずに。

p.m. 1:00

ホームルーム

ボクのごはん食べたでしょ
何、へこんでんのお?

p.m. 1:10

トイレ

ちょっとトイレで頭を冷やそう!

p.m. 1:20

グルーミング

トイレのあとのグルーミングは、念入りに

p.m. 2:10

仲直り

p.m. 3:30

匂い付け

お腹すいた。早く帰ってこないかな～

p.m. 4:30

飼い主さん帰宅

あっ！
帰ってきた

p.m. 5:00

おねだり

お腹
すいたよ～。

p.m. 7:00

シャンプータイム

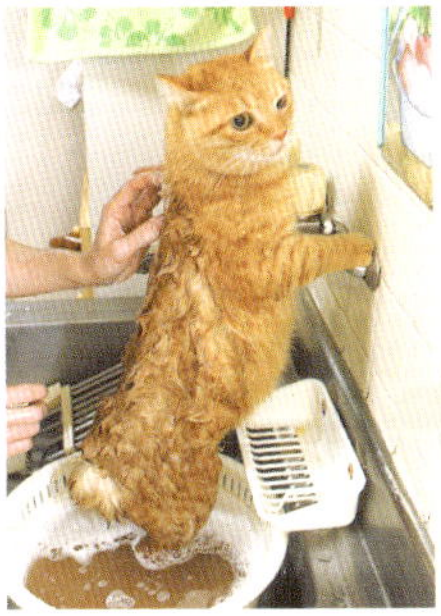

えっ！
シャンプー
するの？

p.m. 7:30

湯冷め防止

シマシマに
して
みました

p.m. 8:00

毛玉を吐き出すため草を食べる

ケホッ……

p.m. 9:00

覆面インタビュー

遊んで
あげるのも
飼いネコの
ツトメです

p.m. 10:00

おやすみ～

ネコの習性

家でしか飼われていなくてもテリトリーはある!

うちの場合
弱いネコほど
ハリの上やロフトなどの高い
場所をテリトリーにしています。
見おろせて安心なんでしょうか。

床のど真ん中が
強いネコ

人と同じ場所がスキ
高いところまるで興味ナシ!

高い階で飼うときは注意!!

家の中でもテリトリーの
パトロールはしたいのです。
それで、マンションなどベランダ
で手すりの上を歩くとき
ネコだって落ちる! こともあるので…

ネットをつけるなど対策を!

爪とぎはテリトリーの範囲を知らせる行為。

のびをして
人の体で
ツメとぎの
マネ!
(…というか本気?)
人もテリトリーの
一部です。
ナメられてます。

耳の
三半規管《さんはんきかん》が
とても発達
しているため、
ある程度
高いところから
落ちても
平衡感覚を
つかみ足から
着地できます

子ネコは親ネコに逆らわない

ほとんどの
場合その関係は
生涯続くようです。

親
シャッ
子

どう見ても
子ネコがヨコヅナ
なのに…

…とは
いっても

下界は外ネコたちのテリトリー 危険がいっぱい!

ボッ
フーッ

一難去ってまた一難!

Part 4

わが家に迎える準備

初めてネコがやってくる

- 雑種にするか、
純血種にするか
- どこで手に入れたらいい？
- ココを見てネコを選ぼう！
- 何を用意しておけばいいの？
- ノラネコをうちネコにできる？
- うちネコのトラブルを解決

見た目と性格で選ぶ

雑種にするか、純血種にするか

雑種と純血種、どちらにも一長一短があります。
また、一口に純血種といっても長毛種や短毛種、おとなしいタイプや活発なタイプなどじつにさまざま。特徴を知って、自分に合ったネコを選びましょう。

純血種は完成された美、雑種は個性が魅力

純血種とは、人間が長年の歳月をかけて、人工的に交配を重ね、ひとつの品種として作り上げてきたネコです。それぞれに守ってきた「整った美しさ」があります。一方、ミケネコやトラネコなどの雑種は、自由に交配を重ねてきたネコで、丈夫でたくましいところが魅力のひとつです。いろいろな種類が交じり合っているため、ときにはめずらしい子ネコが生まれて、ここからまた、新たな純血種が誕生するケースもあります。

雑種

- 比較的丈夫で育てやすい。
- 手に入れるのにお金がかからない。
- 純血種のように姿や形が決まっていないので、思いもしないところに模様があるネコなど、めずらしいネコと出会える場合がある。
- 盗まれる心配が少ない。

- 姿や性格など、ベースになるものがないので、好みのネコを選ぶ際、自分でよく観察しなければならない。

純血種

- 成ネコになったときの姿が想像しやすいので、自分好みのネコを選びやすい。
- 性格も品種によってある程度決まっているので、選びやすい。
- 生まれたときから、しっかり管理されている場合が多いので、感染症の心配が少ない。

- ペットショップやブリーダーから購入しないとなかなか手に入らない。
- 雑種に比べて、かかりやすい病気がある。
- 盗まれる心配がある。

人気の品種大集合

NEKO ネコ カタログ Catalogue

「手間いらず派」には 短毛種

短毛種は一般にブラッシングがほとんど必要ないので、あまり手間をかける時間がない、性格的にマメな方ではない、という人にもおすすめです。

ロシアンブルー

原産国 ロシア

性格 野性味を残しながら、エレガントなところもある。物静か。

体格 スリムでしなやか。

特徴 ビロードのような光沢のある、しなやかな被毛が美しい。ロシアの貴族に愛されて、「ネコの貴族」と呼ばれていた。ふだんは内気だが、攻撃的な野性味を秘めていて、何かの拍子にそれが現れることもある。めったに鳴かないが、声はとても愛らしい。

ジャパニーズボブテール

原産国 日本

性格 利口で忍耐強く、愛嬌がある。

体格 丸いポンポンテールが愛らしい。

特徴 もともとは丸くてずんぐりした体型だったが、改良されてスレンダーになり、脚も長くなった。シャンプーやブラッシングもさほど必要でない。初めてネコを飼う人にも飼いやすいネコ。この品種の中でも、日本の伝統的なタイプ「三毛ネコ」が海外で注目されている。

アビシニアン

原産国 アフリカ

性格 甘えん坊でやや神経質。

体格 すっきりした体型。脚が長く優雅。

特徴 クレオパトラの愛ネコだったといわれるだけあって気品がある。動作がとても俊敏で室内を駆け回るのが好き。アビシニアンタビーといわれるゴールドの被毛が美しい。目の色はゴールド、グリーン、ヘーゼルの3色がある。好奇心が強い。美しく澄んだ鳴き声も魅力。

シャム

原産国 タイ

性格 活発で感受性豊か。少し気まぐれで、甘えん坊。

体格 骨格は細く、引き締まった体をしている。脚と尾は、細く長い。

特徴 顔はくさび型で耳が大きい。古来からタイの王宮などで秘宝扱いされていた歴史があるだけに、ネコ自身に高貴なムードがある。サファイアブルーの瞳がチャームポイント。性的に早熟で生後5か月で妊娠することもある。

原産国 イギリス

性格 人と遊ぶのが大好き。鳴き声も小さく、穏やか。

体格 ほっそりとしたオリエンタルタイプ。

特徴 イギリスのコーンウォールの農場で、突然変異によって誕生。被毛はカーリーヘアでひげから脚先まで縮れた毛が特徴。触り心地は絹のようにやわらかい。

コーニッシュ・レックス

ブリティッシュショートヘア

原産国 イギリス

性格 野生味がある。頭がよい。

体格 骨太で力強い。丈夫。

特徴 2千年以上も昔にローマ人によってイギリスに持ち込まれ、ネズミ退治の役目を果たしてきた。野性味が残りパワフル。虫などを追いかけるのが好き。人間にまとわり付くような人懐っこさはないが、クールなところが魅力でもある。

スコティッシュフォールド

原産国 イギリス

性格 温和で愛情こまやか。愛嬌があり、ひょうきん。

体格 耳が前方に垂れている。体付きは全体にころんと丸みを帯びている。

特徴 スコットランドの農家で偶然発見された突然変異のタレ耳ネコ「スージ」がルーツ。体は丸く、鼻は短い。ぱっちりと見開かれた目も魅力。運動量は多くない。他品種のネコともうまく一緒に暮らしていける。

アメリカンショートヘア

原産国 アメリカ

性格 甘えん坊で陽気。

体格 骨太で丈夫。

特徴 アメリカでネズミ捕りの目的で飼われていた家庭ネコの子孫。「ワーキングキャット」と呼ばれていただけあって、力強く運動量は多い。人間とのパートナーシップがとりやすいので、初めて飼う人でも育てやすい。豪華なタビー模様が人気。

バーミーズ

原産国 ミャンマー

性格 ちゃめっ気たっぷりの元気もの。

体格 全体に丸みを帯びている。骨格はがっちりしている。

特徴 密生した短い被毛は絹のような美しい光沢があり、手触りもシルキー。鳴き声が静かで「慈悲深いネコ」の別名もある。とても人懐っこく、飼い主と一緒にじゃれたり遊んだりすることが好き。環境の変化にも強い。

「手間かけたい派」
には

長毛種

長毛種のネコは、ブラッシングやシャンプーなど、お世話に手間がかかります。でも、それも魅力のうち。手間ヒマかけたい派におすすめのネコたちを紹介します。

ノルウェージャンフォレストキャット

原産国	ノルウェー
性格	温和でストレスに強い。人間の生活に溶け込みやすい。
体格	大型で骨太。
特徴	原産国はスカンジナビア半島北部の酷寒の地だけに、寒さに負けない体力とたくましさを兼ね備えている。環境適応能力が高いので、引っ越しなどでめげることが少ない。毎日ブラッシングはした方がよいが、毛玉にはなりにくい毛質。

チンチラ

原産国	イギリス
性格	おとなしく聡明。
体格	ペルシャ系では小柄の部類。骨太。
特徴	長く美しい被毛が魅力。なかでもチンチラ・シルバーは、くっきりしたアイラインが映える「グリーンの目」が宝石にたとえられることも。美しい被毛を楽しむためには、マメなブラッシングが欠かせない。

（シルバー）

（ゴールデン）

ペルシャ

原産国	アフガニスタン
性格	穏やかでもの静か。
体格	胴が短く、どっしりと重い。
特徴	世界中の愛好家を虜にするキングオブキャッツ。被毛は長く光沢があり、シルキーな手触り。カラーやパターンは30以上もある。美しさを保つためには、十分な栄養と朝・夕のブラッシングが必要。

ヒマラヤン

原産国	イギリス
性格	穏やかで、遊び好き。
体格	骨太で筋肉質。
特徴	ペルシャとシャムをかけ合わせてつくられたネコ。被毛はペルシャに似てシルクのような風合い。毛づやを出すためには、肉類の缶詰をあげたり、マメなブラッシングが有効。朝・夕1日に2回はブラッシングをしたい。

バーマン

原産国	ミャンマー
性格	もの静かで賢い。
体格	顔が長めでがっしりしている。
特徴	「ビルマの聖なるネコ」と呼ばれ、多くの神秘的な伝説をもっている。ヒマラヤンに似ているが血のつながりはない。よく寝かせることが大切。あまりかまい過ぎずに育てた方がよい。

ターキッシュ・アンゴラ

原産国	トルコ
性格	おだやかでしつけやすい。デリケート。
体格	体型は中型。脚は体に比べて細め。
特徴	シルクのように美しく、エレガントなセミロングの毛をもつ。特に尾の毛は見事。トルコでは、とても歴史の古いネコで、アーモンド型の目が特徴。

アメリカン・カール

原産国	アメリカ
性格	甘えん坊でおとなしく、無邪気。
体格	バランスのよい中型で、筋肉質。
特徴	アメリカで突然変異によって誕生。後ろにくるっと反り返ったおもしろい耳をしている。セミロングで絹のような毛と大きな目が特徴。無邪気でありながら、聡明でとてもしつけがしやすい。

メインクーン

原産国	アメリカ
性格	穏やかで多少のことにはびくともしない。
体格	大柄で胴長。
特徴	アメリカ原産のネコの中では最も歴史が古い。厳寒の中を生き抜いてきたことから、被毛はダブルコートで硬く、量も多い。体重は普通6キロ前後だが、10キロ近くになるものもいる。成長はゆっくりで、大人の体重になるのに2〜3年かかることも。性格は野性味を残している。

ソマリ

原産国 アフリカ

性格 温和で活発。遊び好き。

体格 骨格がしっかりしていてたくましく、筋肉質。アビシニアンよりやや大きめ。

特徴 アビシニアンと同じような性格で、用心深く、遊び好き。セミロングの金色の被毛はやわらかく、優雅で豪華にみえる。身のこなしはヒョウのようにしなやか。

ラグドール

原産国 アメリカ

性格 従順で人懐っこい、抱きネコタイプ。

体格 10キロにもなる大型ネコ。胸板が厚い。

特徴 ドール（人形）との名の通り、ぬいぐるみのように愛くるしく、抱かれることを嫌がらない。被毛は、シルキーでふんわりとした風合いが魅力。鳴き声は静か。部屋中駆け回るということもほとんどない。また、人間にあまり逆らわないので、初心者にも飼いやすい。

ネコがほしいとき

どこで手に入れたらいい？

**ネコを飼うと決めたあなた、あなたが描くネコとの生活はどんなもの？
それによって、手に入れる方法も変わってきます。
入手先ごとにチェックしたいポイントも、知っておくと心強い！**

購入する

ペットショップから

「目があった」の衝動買いはダメ！

ペットショップのメリットは、一度にたくさんの種類のネコに会える点です。特に希望している品種がなく、見てから決めたい場合は、一番便利な購入場所といえるでしょう。たくさんのネコの中から「目があってピンときた！」などのインスピレーションを信じることは大切ですが、相手は生きもの。カンだけに頼ってはいけません。実際に触れてみて、健康状態や性格を確かめたうえで購入します。購入後のショップとの付き合いも考えて、信頼できるスタッフのいるところを選びましょう。

ブリーダーから

純血種やショータイプを希望なら

繁殖を行っている専門家をブリーダーといいます。ブリーダーが扱うのは、多くの場合純血種で血統書付きのネコです。そんなネコを希望する場合は、相談してみるとよいでしょう。キャットショーに参加したい場合は、ショータイプのネコを選んでもらいます。

ブリーダーは、獣医師に紹介してもらったり、インターネットやネコ専門誌などで探すことができます。こちらの希望をしっかり聞いて、どんな質問にも誠実に対応してくれるブリーダーを選びましょう。

ココをCHECK!

ペットショップ

店は清潔か？
店内もケージの中もクリーン。子ネコの体に排泄物などが付いていない。

ケージの様子は？
同胞（きょうだい）以外の子ネコを、1つのケージに何匹も入れていない。

子ネコの扱いは？
次から次へと客に要求されるままに、子ネコを長く抱かせてくれる店は、一見親切なようだが、子ネコへの配慮に欠ける。

スタッフの態度は？
「お買い得」「早い者勝ち」などセールストークが多い場合は要注意。ネコについての知識や愛情がない店はパスする。

ブリーダー

電話の対応は？
直接会う前に、電話連絡してみる。対応がぞんざいなところは避ける。

母ネコの様子は？
実際に出向いたら、子ネコの母ネコの様子を見ておこう。母ネコを見せてくれない場合はその理由をきちんと聞く。

生活環境は？
個人にせよ団体にせよ、飼育環境が清潔で整っているかよく見る。

健康管理は？
複数のネコを飼っている場合がほとんどなので、ワクチン接種など健康管理がきちんとされているか確認。

もらう

知人から

●生後2か月を過ぎてからもらう

友人・知人から子ネコをもらうときは次のことを確認しましょう。

もらう時期　生後すぐ母ネコから離すと、免疫力が弱かったり、子ネコとして学ぶべきことを学べなかったために、極端に内向的な性格になることもあります。離乳がすんだ2～3か月くらいがベストです。

育った環境　完全室内飼いか、トイレのしつけや食事の内容など、飼育環境は率直に聞きましょう。ワクチン接種や病気の有無も確認を。

保健所から

●あなたの行動がひとつの命を救う

行政によって名称は異なりますが、保健所には動物愛護センター、動物管理センターなどの施設があります。ここには、死を待つしかないネコや犬が、多数収容されています。その数、年間約30万匹（ネコのみ）。彼らは、ほとんどが人間の犠牲といえます。ネコを飼ってみたい、種類は問わないという人は「拾う神」になってみませんか？　保健所には、電話で問い合わせてから行きましょう。

獣医さんから

●アドバイスが受けられて安心

獣医師のところにも、捨てられたり、迷いネコが預けられていることがあります。近所に知り合いの動物病院があれば、訪ねてみましょう。譲り受けた獣医さんから育て方などのアドバイスが受けられることもあります。ホームドクターになってもらえば、より安心です。

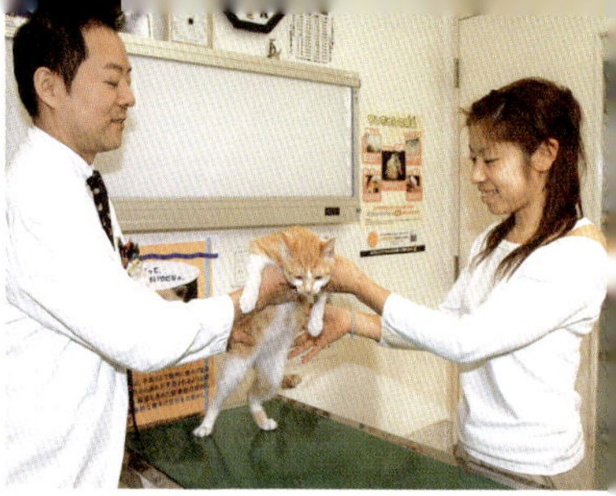

インターネットから

●身分証明を求められる場合もある

インターネットで「ネコの里親」で検索すると、多くのサイトにヒットします。また、地域のミニコミ紙やフリーペーパー、スーパーや銀行の掲示板などにも、里親募集の案内があります。もらうときは、もらえる時期や育った環境を確認すると同時に、責任をもって育てるという意志をアピールします。里親募集をしている団体の中には、譲る相手の身分証明の提示を求めるところもあります。

相性度＆元気度チェック

ココを見てネコを選ぼう！

ネコを選ぶときのポイントは、一に健康、二に相性です。
これから10年近い長い年月を一緒に過ごすだけに、大切な条件です。
自分の五感を総動員して、しっかり確認しましょう。

相性がいいのはどちら？

オス

一般に、オスは人懐っこくて甘えん坊、メスは温厚で手がかからないといわれています。相性がいいのはどちらのネコか、ライフスタイルとも合わせて選んでみましょう。

メス

純血種を選ぶ場合は、品種によって性格がある程度決まってくるので、それも目安にしてみては（P74）。

オス		メス
感情表現はどちらかといえばストレート。甘えたいときは全身で飼い主に身をゆだねてくる。その一方でやんちゃ坊主の一面も。遊びに夢中になって我を忘れてしまったり、イタズラをしたり。叱られると、しょぼんとなることも。メスよりも喜怒哀楽がはっきりしているといわれている。	**性格**	感情表現はオスより控えめといわれる。プライドの高いツンとした印象を与えることもあるが、それも魅力のうち。また、控えめながらもいつのまにか、かたわらにきて、甘えてくるところがチャーミング。この二面性が好みの分かれるところかも。
メスより冒険好き。外へ出たがることも多い。去勢していないと、発情期にメスとの出会いを求めて、大遠征に出ることも珍しくない。	**行動範囲**	運動量はオスほど多くないといわれる。避妊手術さえしていれば外にはそれほど出たがらない。
頬が横に張ってメスより大きめ。顔を大きく見せた方が、強さのアピールになるからという説もある。オスのボスネコの多くは、ふてぶてしく見えるほどの大顔。	**顔**	オスほど横にふくらまず、それほど大顔にならない。
おとなになると、がっちりしてきてメスより大きめに。去勢していない場合は、どことなく精悍な感じがする。	**体付き**	オスより小さめ。オスに比べるとどことなく、しなやかでエレガントな感じがする。
お尻をチェック。おとなのオスネコは、睾丸があるのでわかりやすい。生後2～3か月ごろには、睾丸のふくらみがわかるようになる。	**見分け方**	お尻でチェック。睾丸のふくらみがないのがメス。

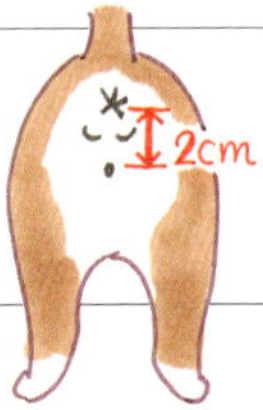

元気なネコの選び方

下記のチェックポイントを参考に、体の各部分をていねいに観察してみましょう。抱いてみたときの表情や反応で、気になる点がないかも確かめてみます。

Point1 体

見た目より抱いたときに重く感じるネコは、いわゆる固太りで元気な証拠。逆に体格のわりに軽いネコは、虚弱体質の場合がある。

Point2 毛並み

毛づやのよいネコがおすすめ。毛が薄くなっていたりハゲている、パサパサしているネコは、皮膚病の疑いがある。

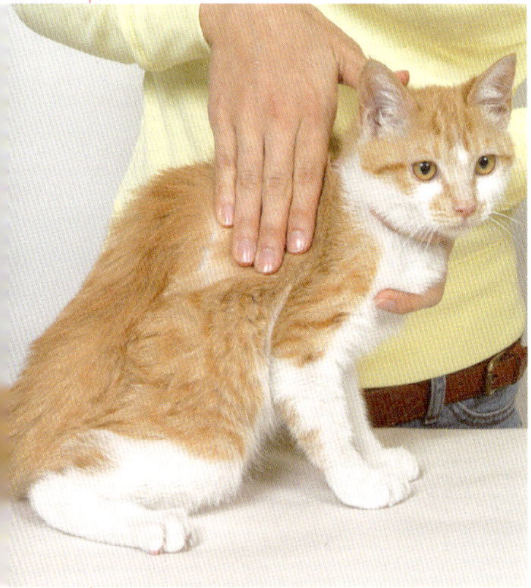

Point3 手足

太くてがっしりしているのがよい。歩いているところを観察して、ひきずるなどの異常がないかも確認する。

Point4 腹部

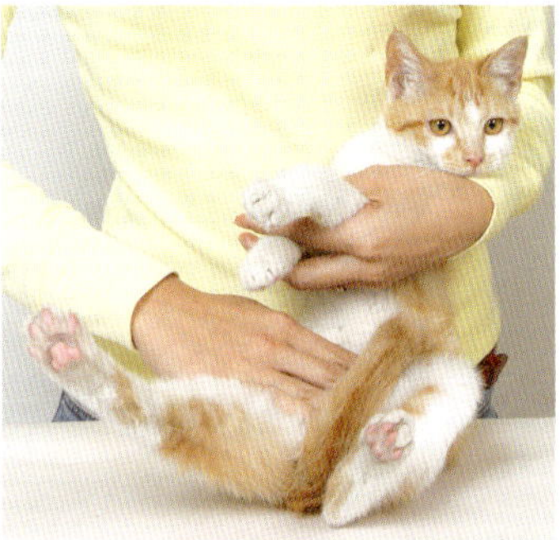

たるみがなく締まっているのがよい。体はやせているのに腹部のふくらみが目立つのは、回虫などに感染している疑いがある。お腹を触ったときひどく嫌がる場合も何かトラブルがある。

Point5 目

しっかり見開き、イキイキと輝いている。涙目、充血、目ヤニ、白い膜（瞬膜）などは不健康のサインなので、要注意。

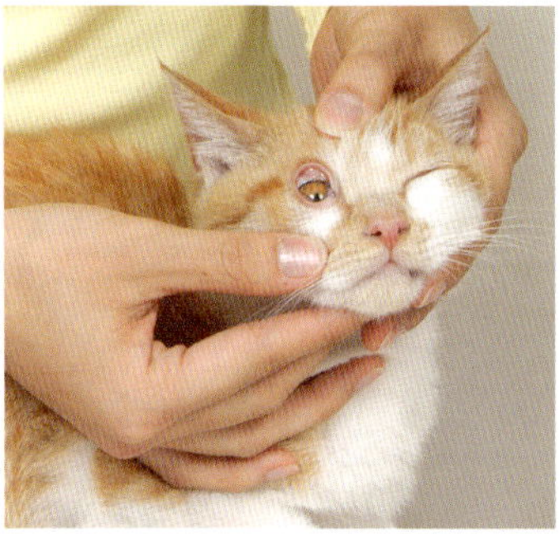

Point6 鼻

元気なネコは、起きて活動しているときは鼻の頭が湿っている。くしゃみや鼻水はカゼをひいている恐れがある。

Point7 耳

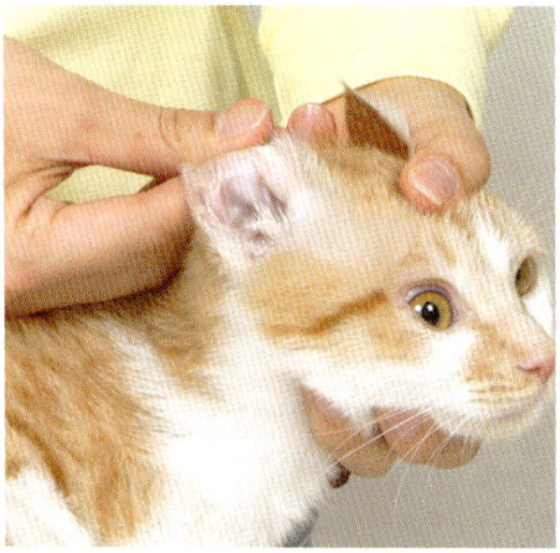

中がきれいであることが大切。黒く湿った耳あかがこびり付いているようなネコは、耳ダニが疑われる。耳から悪臭がする場合も、要注意。

Point8 口

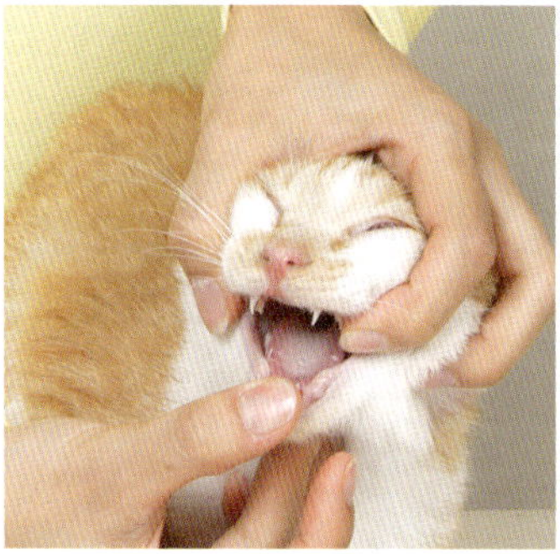

舌がおろし金のようにザラザラしていて、歯肉はピンク色で引き締まっているのが健康。

Point9 お尻

肛門がきれいで締まっている。肛門周囲が汚れていたりただれているのは、慢性下痢などの疑いがある。

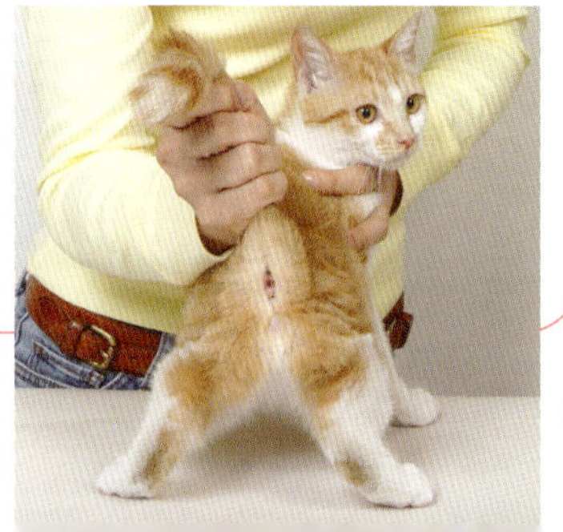

ネコに必要なグッズ類

何を用意しておけばいいの？

**いよいよネコとの暮らしがスタートします。
室内飼いに欠かせない必需品から、あれば役に立つグッズまで、
ネコにも飼い主にも使い勝手のいいものを選んでみましょう。**

必ず 揃えるもの

ネコがわが家にやってくる日が決まったら、あらかじめ必要なものを用意しておきましょう。トイレや食器など、初日からさっそく必要になるものも少なくありません。ネコは突然異なる環境に連れて来られるので、食事・排泄・睡眠の環境が整っていないと、混乱する恐れもあります。また、トイレや食器などは予定しておいた場所に実際に置いてみて、問題がないか確認しておくと安心です。

ネコ草

毛づくろいで飲み込んだ毛を吐き出すために使う。長毛種の場合は特に必要。

トイレ

容器と砂を用意する。トイレは意外にスペースをとるので、置く場所の寸法を測ってから買いに行くとよい。ネコ砂は、今までネコが使っていたものと同じものを用意する。

キャットフード&食器

今まで食べていたものと同じキャットフードを用意する。おやつも用意しておくと安心。食器はある程度の深さと重みのあるものを。水を入れるボウルも忘れずに。

ベッド

自分の蒲団で添い寝するつもりだった人も、衛生面や眠る時間帯の違いなどを考えて、専用の寝床を用意しておきたい。

キャリーバッグ

ネコを風呂敷にくるんだり、紙袋に入れて移動することは不可能。ネコ連れの外出には、キャリーバッグが欠かせない。さっそく動物病院に連れて行くこともあるので、用意しておくと安心。

ツメとぎ器

家に来た初日からツメとぎをすることもあるので用意しておく。またたびの粉を擦り込んでおくと、気に入ってくれるかも。

あれば便利なもの

ネコと一緒に暮らし始めて、ネコも飼い主も余裕が出てきたころに、もう一度揃えるものをチェックしてみましょう。グルーミンググッズなど、そろそろ必要になってくるものもあるはずです。

おもちゃ

室内飼いの場合、遊びはとても大切。ネコの好むものをいくつか用意する。

ケージ

来客のとき、複数のネコを飼っているときなどに便利。大きさは部屋のスペースも考慮して選ぶ。外が見えるものがベスト。

洗濯ネット

洗濯ネットに暴れるネコを入れると、おとなしくなることが多い。ちょうどよいサイズを選んで。

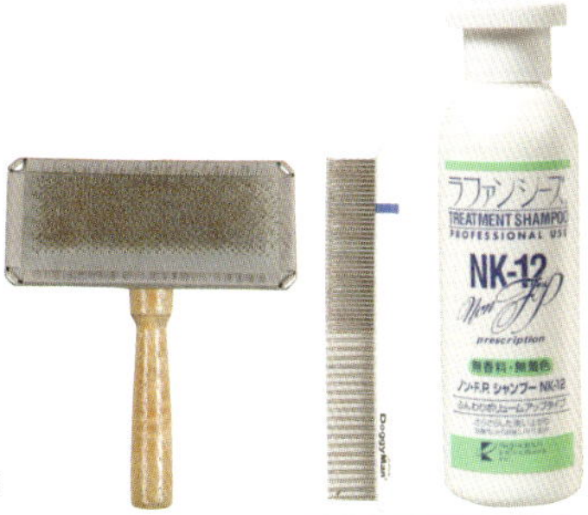

グルーミング用品

長毛種の場合は、ブラッシングが欠かせないため、ブラシとクシを用意する。シャンプー・リンスは、必ずネコ専用のものを揃えて。

ハーネス（リード）

ネコにはあまり使わない人も多いが、一緒に外出するときなどに、とても役に立つ。

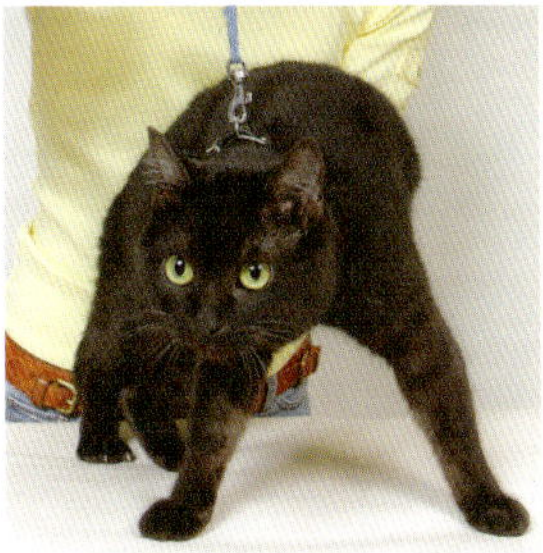

オーラルケアセット

口内の衛生管理は大切。歯みがきなどは子ネコのうちから、慣れさせておくとよい。

首輪

外出用に首輪があると便利。名札付きなら万一逃げ出したときも、安心。

ネコ救急箱

人間用とは別に、いざというときの手当てに必要なものを揃えておく。

ノミ取り用品

室内飼いでも、ノミ取り用品は必要。

消臭スプレー

ネコトイレなどの消臭・消毒用に用意しておく。アロマやお香も消臭剤代わりになる。

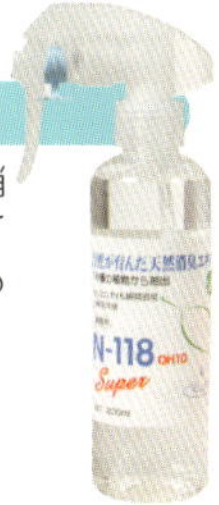

ネコ用ドレスは必要か？

ペットショップで売られているネコ用衣服のあまりのかわいさに、つい買ってしまいたくなる気持ちはわかります。しかし、あまりおすすめすることはできません。衣服が何かに引っかかるなどして、思わぬ事故に発展する恐れもあるからです。どうしても着せてみたい場合は、飼い主が見ている範囲内で、短時間にとどめておきましょう。

リスクも知っておこう

ノラネコをうちネコにできる？

子ネコにせよ、おとなのネコにせよ、ノラネコを飼うにはいくつかの問題点があります。
例えば、妊娠している恐れがある、短命である、室内の暮らしに慣れない、などです。
リスクもよく知った上で、ベストフレンドになれるように、根気強く育てていきましょう。

本当にノラネコか確認してから飼う

まず、あなたが飼おうと考えているネコが本当に所有者のいないノラネコかどうか確認します。首輪など目印になるものを付けていなくても、飼い主がいて外出自由なネコの場合もあります。また、地域ネコとして、エサの世話などの面倒を誰かにみてもらっている場合もあります。確認したうえで、ノラネコには次のような問題点もあることを知っておきましょう。

健康問題 ノミ・消化管内寄生虫・伝染病に感染している場合もある。

外傷 他のネコとのケンカや事故によるケガをしていることがある。

去勢・避妊 去勢や不妊手術がされていない。メスネコは妊娠している場合もある。

性格 人間に懐きにくい。警戒心が強く、室内で飼われることに適応できない場合もある。

すぐ獣医さんに診察してもらう

一見問題がないようでも素人判断は禁物。必ず動物病院に連れていき、健康診断を受けましょう。寄生虫や病気の有無、妊娠していないかなどを調べてもらいます。飼うからには、予防接種も必ず受けさせます。獣医師の診察を受ければおよその年齢がわかるので、年齢にあわせた健康管理もしやすくなります。また、去勢手術や不妊手術も必要です（P102-103参照）。病院に連れて行こうとしても暴れるときは、人間がケガをしないよう、軍手をはめたり、洗濯ネットに入れるなど、自衛しましょう。

ノラネコを懐かせるには？

1. ノラネコに出会った場所に通う。出会った時間に行けばまた会える確率は高い。
2. ネコへのお土産を持っていく。
3. 最初は遠くからおやつを投げる程度にする。向こうから近付いてくるまでは近付かない。

ノラネコの平均寿命は2〜3年

ノラネコは自由を謳歌して生活しているように思えますが、実際は交通事故・病気・ケンカなど、危険と隣合わせで生きています。そのため、身の安全を確保して生き延びるために、毎日大きなストレスにさらされています。その証拠がノラネコの平均寿命の短さです。室内飼いのネコの場合は10年以上なのに比べて、ノラネコはわずか2〜3年。いかに厳しい生存条件におかれているかがわかります。出会ったノラネコの余命は、さほど長くないかもしれません。飼ってすぐに看取ることになったとしても、最期まで面倒をきちんとみる覚悟で飼いましょう。

外に出たがる、懐かないときの対処法

ノラネコを室内飼いのネコとしてしつけるのは、ネコとの根気比べになることがあります。食事の心配もなく、暑さ寒さの心配がないといっても、外の世界の面白さを知っているネコにとっては、室内だけの生活にストレスを募らせることも。去勢や不妊手術を受けさせても、外に出たがってしかたがないかもしれません。ネコのエネルギーを発散させるために、十分遊ばせる、多少手荒な遊びでも付き合ってあげるなど、根気強くしつけていきましょう。

また、食事の世話などを一生懸命してあげても、いつまでたっても警戒心が強くて、なかなか懐かないケースもあります。もっとも、それだけ慎重だからこそ、今まで生き延びてきたとも考えられます。ノラネコを人懐っこい家ネコに変えようとせずに、個性をそのまま受け入れてあげることも大切です。

どうする? こんなとき

先住ネコと同居させたい

ノラネコと先住ネコを同居させるなら、ノラネコの健康状態が確認できるまでは、一緒にさせないことです。ノラネコが病気に感染していたら、先住ネコの健康も損なわれてしまうからです。2匹を接触させないように、別の部屋で飼うなどの配慮をしましょう。なお、先住ネコは新入りの登場に多かれ少なかれ、ストレスを感じます。飼い主は先住ネコに、今まで以上の愛情を注いでください。

ノラネコには、なかなか愛情が伝わらないもの。慣れるまで、見守ってあげるやさしさも必要。

こんな簡単な方法で

うちネコのトラブルを解決

もともと外で暮らしていたネコを、部屋の中で飼おうとするため、どうしてもトラブルは出てきます。
よくあるご近所とのトラブルや家の中で起きるトラブルの対処法をご紹介しましょう。

近所とのトラブル防止

戸建の場合

飼っていることを報告　万一迷惑をかけたときや、逃げたときのことなどを考慮して、飼っているネコの種類や特徴を、隣人に話しておきましょう。

去勢・不妊手術を行う　発情鳴きは、思わぬところまで届くので、部屋の中で鳴いていても、外まで聞こえているケースも多くあります。また、その声につられて他のネコがあなたの家の周囲に集合し、大騒ぎになることもあります。

抜け毛、ブラッシングに注意　ベランダや庭でブラッシングをするときは、毛の飛び散りに注意しましょう。

ゴミのルールを守る　使用したネコ砂の処理などは、地域のゴミ出しのルールに従います。捨てるときは、新聞紙にくるむなどして見えないようにします。

戸建てで、室内飼いの場合でも、気づかい無用というわけにはいかない。

マンションの場合

こっそり飼いは禁止　ペット禁止の物件でこっそり飼うのはトラブルのもと。分譲でも賃貸でも入居前に条件をしっかり確認しましょう。

音には気を付けて　高いところから飛び降りる音や鳴き声などの騒音は、他人は飼い主よりもずっと強烈に感じるものです。床に絨毯を敷く、壁に本棚を置くなど、防音対策はしっかり行いましょう。集合住宅の場合は、おとなしいメスを選んで飼うのもトラブル防止の一策です。また、去勢・不妊手術は必ず受けさせたいものです（p102）。

外出はケージに入れて　玄関、エレベーター、廊下などの共有スペースに連れ出して遊ばせてはいけません。ネコなんて見るのもイヤと言う人も実際にいます。自分の部屋から一歩でも外に出るときは、ケージに入れておくのがマナーです。抱いて移動するのもできるだけ避けたいものです。

ベランダにトイレはダメ　ベランダにトイレや糞尿などのゴミを置かないこと。悪臭が隣や階下まで広がる場合があります。また、ベランダでのブラッシングも、毛が飛び散る恐れがあるので避けること。ベランダも共有スペースとして、きちんと配慮しましょう。

家庭内のトラブル防止 その1

ネコにとっても人間と同じサイクルで生活できた方がストレスがかからない。

部屋を汚さない、傷めない

抜け毛　長毛種はブラッシングを毎日行うのがもっとも有効です。短毛種も抜け毛のピーク、春から夏にかけては抜けやすくなるので、気になる場合はブラッシングをするとよいでしょう。なめて飲み込む毛の量も減り、毛玉を吐いて絨毯などを汚すことも少なくなります。部屋に落ちた毛は、ブラシでかき出してから掃除機をかけると楽に取ることができます。布製のソファーなどは、粘着性のローラーが便利です。

爪とぎ　壁などで爪とぎをさせないためにも、専用の爪とぎを与えます（p44）。やめない場合は、ネコがその感触を嫌がる「ビニール製の保護シート」を張る方法があります。

また、リフォームの際に、爪とぎしにくい「硬い化粧合板のクローゼット」にする、傷の目立たない「ペット共生用壁紙」にするという方法もあります。その他にも部屋を汚す原因としてはスプレー行為（p102）、粗相（p53）などがあります。それぞれのページを参照して対処してみましょう。

夜中に鳴かせない走らせない

食事や睡眠などを、飼い主の生活リズムと合わせるように習慣付けると、夜中に走り回って遊ぶなどのトラブルが少なくなります。

食事

ネコは、案外規則正しい一面があります。その証拠に、休日などに飼い主が寝坊していると、しつこく食事を催促しにきます。食事の時間は、生活リズムのベースになるので、飼い主のライフスタイルにマッチするようにしつけるとよいでしょう。

睡眠

起床と就寝は飼い主と同じ時間にして、昼間は自由にさせておきます。もともと夜行性のネコですが、このようにしていると、だんだん飼い主の生活リズムに合ってくるものです。

夜の過ごし方

夜中に、バタバタと走り回られては困ります。昼間に十分遊ばせてエネルギーを発散させましょう（p58、p62）。

家庭内のトラブル防止 その2

ノミ対策

湿気が好きなノミは日本の気候が大好き

1,000種類はいるといわれているノミの中で、ネコに多く付くネコノミは、ネコの皮膚から血を吸い、その血を栄養にしている寄生虫です。血を吸わなくても100日以上は生きられるという強い生命力をもっていて、血を吸えば半年は楽に生きられるといわれています。1日に10個の卵を部屋やネコなどの毛の中に産み付け、3週間もあれば成虫へと成長するので、卵がかえる前に退治することが大切です。ノミにとってベストな環境は、気温18度以上で、湿度が70～90％。日本のじめっとした気候にピッタリ合います。特に梅雨から夏にかけて、ノミが大発生するのは、もっとも繁殖しやすい環境だから。しかし、寒い冬にノミを見ないからといって、いなくなるわけではありません。実はサナギの姿になって、じっと冬を越しているのです。冬でも暖かい室内の場合は、年中無休でノミは出没します。

部屋のノミを徹底的に退治する！

ノミの幼虫はホコリやチリの中で生きています。そのため、入念に掃除機をかけることが退治への第一歩。吸い取った卵や幼虫がフィルター内で生息することがないように、フィルターはこまめに取り替えるか、ノミ取りスプレーやノミ取り粉を同時に吸い込ませます。フィルターのゴミもいつまでも部屋においておかずに早く捨ててしまいましょう。ノミが大繁殖する梅雨どきは、特に念入りに掃除をすると同時に、換気にも気を付けるようにします。また、カーペットや畳に日を当てると殺菌効果があります。

ノミが成虫になるまで

- **卵**　0.3～0.5㎜程度の白い粒のようなもの。2～5日で幼虫へと変わる。このとき除去できれば、問題ない。
- **幼虫**　脱皮を繰り返して、8～10日ぐらいでさなぎになる。
- **サナギ**　秋から冬にかけては3週間ほどで、暖かい時期は2週間もかからずに、成虫になることがある。
- **成虫**　ネコの血を栄養にして、成長していく。

憎き **ノミの基本データ**

好きな環境	気温18度以上／湿度70～90％
ノミが増える時期	5～10月
特にノミが発生しやすい時期	6～8月
ノミが好きな場所	部屋の隅、家具の後ろ、カーペットの裏、ゴミやホコリの中

ノミの有無はネコのしぐさでわかる

こんなネコのしぐさや周囲の状況はノミがいるサインです。観察してみましょう。

- 眠っていたのに突然起き上がり、後ろ脚で体を蹴るようにしてかく。
- 体の毛をしょっちゅう噛みしだいている。
- 体毛をかき分けたときに、皮膚や毛に黒くて小さい粒、ノミのフンが見える。ネコベッドの敷物などにも同様のものが落ちている。

ノミが関係する病気

ネコにとってノミは、かゆみだけでなく、さまざまな病気を引き起こす憎い天敵です。

病名	症状
ノミアレルギー性皮膚炎	ノミに刺されたところが赤くなり湿疹ができる。かきむしると、化膿したりハゲることもある。
瓜実条虫《うりざねじょうちゅう》	ノミが中間宿主となって瓜実条虫という寄生虫を媒介する。下痢・嘔吐を引き起こす。肛門付近に米つぶのような白いものが付いていたら、寄生虫がいるので、動物病院で駆虫してもらう。
ストレス障害	ノミに体中刺されて、かゆみがひどいと、ネコにストレスがたまり、それがもとで衰弱することがある。
ネコ伝染性貧血症（ヘモバルトネラ症）	ノミに刺されたり、かみ傷から伝染するとされる。ネコの赤血球にヘモバルトネラ・フェリスという生物が寄生して、貧血や黄疸を起こす。

ネコのノミ撃退法

薬剤

ネコや人への安全性が高い薬が近年発売された。すばやい効果と安全性がある。

ノミ取り粉

即効性があるが、持続性はない。ネコがなめてしまうと、副作用が出るので、エリザベスカラーをつけてなめさせないようにするとよい。

クシで駆除

ノミ取りクシで毛をすきながらひっかかったノミをキッチン洗剤液に入れて殺す。手でつぶさないこと。

シャンプー

専用のノミ取りシャンプーを使う。ノミは下に逃げるので、頭から下方向へと洗うとよい。

column. 4

welcome!子ネコを迎えるとき

こんなふうにしてくれると安心して、早く慣れるよ!

今日から家族の一員だよ! 移動は早目の時間に…

暗くなるまでに新しいおウチに慣れるよ

かまいすぎて疲れさせない!

いじりたくてもホドホドに

好きな場所を自由に行動させる

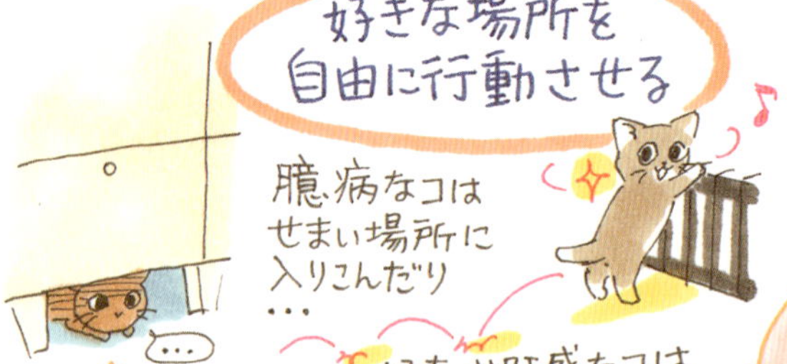

臆病なコはせまい場所に入りこんだり…

好奇心旺盛なコはあっちこっち探検!

でも子ネコのペースで好きにさせてね!

ベッドにおちつく匂いのものを

遊んでは寝、食べては寝るのが子ネコです

今まで敷いてたタオルや布!ママや兄弟の匂いもして安心にゃ…

ぐっすり…♥

食事は今までと同じものを同じ時間に

この味、いっしょ♥

好物なども聞いておこう!

水はいつでも飲めるように!たっぷりと

トイレのしつけは初日から!

今までの匂いのついた砂を少しもらってきて、いっしょに入れて

うろうろ、そわそわしたらつれていってね…

Part 5

飼い方応用編

出産・避妊・介護はこうする

- お見合いを成功させるには
- 出産は手出しをせず見守る
- 誕生から1歳までの育児日記
- 繁殖させないなら手術を
- ネコもイヌも快適に暮らす
- 老化の兆候は7～8歳から
- 看護と介護は愛情を込めて

交尾から妊娠まで

お見合いを成功させるには

**飼いネコが年ごろになり“恋の季節”を迎えたら、
ウチのコにぴったりの相手を探してあげたくなるのが親心というもの。
お見合いの方法や妊娠中のケアについて知っておきましょう。**

ネコたちの「恋の季節《シーズン》」は春と秋がピーク

オス 性的に成熟するのは、メスよりやや遅く生後8か月ぐらいから。メスと異なり、はっきりとした発情期はなく、近くにいる発情したメスに誘発されて発情します。

メス 初めて発情するのは、生後半年を過ぎてから。一般に、長毛種の方が短毛種より遅く、生後9〜12か月ごろが多いようです。発情期は一定の周期でおき、2〜4日ほど続きます。間隔は約2週間で、春と秋に2〜3回ずつ起こります。ただし、個体差があるので、冬などに発情するネコもいます。

こんな行為は発情のサイン

オス

- スプレー行為／立ったまま後ろにおしっこをする。ふだんはトイレでしていても発情期は別。あちこちにおしっこをすることも。
- そわそわして外に出たがる。
- 大きな声で鳴く。

メス

- 赤ちゃんの泣き声のような大きな声で、しきりに鳴く。
- 床に体をすり付け、身をくねらせ、悩ましいポーズをとる。
- 腰をなでるとお尻を持ち上げたりする。
- そわそわして落ち着かない。
- 排尿の回数が増える。
- 食欲が落ちる。

メスネコの様子を伺うオスネコ。気に入っていても最初はそっけない態度をとる。

純血種のお見合いは専門家に相談して

獣医師やブリーダー、ペットショップに相談するのがおすすめ。純血種同士の交配には、一般に次のようなルールがあります。

交配料が必要

メスの飼い主がオスの飼い主に交配料を支払います。支払いなどに関してはトラブルを避けるため、契約書を作っておきましょう。

お見合いはオスネコ宅で

メスネコをオスネコ宅へ2～3日預けるのが一般的です。

予防接種や検査をしておく

ノミの駆除、伝染病の予防接種、感染症検査などを受けておきます。相手のネコも検査済かどうか確認しておきましょう。

どうする? こんなとき

妊娠後の中絶は可能ですか?

交尾後数日以内なら、薬で受胎しないようにすることが可能です。それ以降は、全身麻酔による中絶手術や堕胎手術になります。

妊娠？と思ったら獣医師の診察を

交尾したメスネコは、90％以上の確率で妊娠します。妊娠の兆候があったら獣医師の診察を受け、出産前に子ネコの数も知っておきましょう。妊娠の有無を確かめようとネコの腹部を押したり触ったりするのは絶対ダメ。ネコの腹壁は薄くてデリケートなので、胎児が傷付いたり流産してしまうこともあります。妊娠中のネコの健康状態には、いつも以上に気を配りましょう。

「これって妊娠？」兆候チェックシート

交尾後	ネコの様子の変化
3週目	ホルモンの分泌が活発になるため毛づやがよくなり食欲も旺盛に。乳首がピンク色になる（ピンキングアップ）。
4週目	腹のふくらみが目立ってくる。食欲も増し、ふだんの2倍ぐらい食べることも。大きくなった子宮が膀胱を圧迫するため、排尿回数が増える。また、よく眠るようになる。
8週目	腹はさらにふくらみ、妊娠がひと目でわかる。交尾後9週目（63日前後）で出産する。

妊娠中の食事は2～3割増しにする

妊娠したネコは、胎児が発育し始める4週目ぐらいから食欲が旺盛になります。妊娠中のひどい下痢は流産につながることもあるので、食べ過ぎや消化不良には気を付けましょう。

栄養 胎児の成長に特に必要な良質のタンパク質やカルシウム、ビタミン類（ビタミンA）が豊富なエサを与える。成ネコ用のキャットフード「総合栄養食」がおすすめ。

回数 大きくなった子宮が胃を圧迫し、一度に食べられる量が少なくなるので、食事の回数をいつもの1～2回から4回に増やし、そのつど新鮮なものを与えるようにする。

量 1日のトータルは、ふだんの2～3割増。欲しがれば2倍程度まで与えてよい。

成功させるコツ

出産は手出しをせず見守る

出産が近づいたら、安心してお産ができるよう環境を整えましょう。かわいい子ネコに会えるのも、もうすぐです。基本的に手出しは無用ですが、いざというときの対処法をマスターしておくと安心してお産を見守ることができます。

予定日の2週間前から準備を

出産2週間前ぐらいになると、母ネコは大きな腹をかかえてソワソワと家中を歩き回り、安心して出産できる場所を探し始めます。あらかじめお産をする産箱を用意しておき、ネコの気に入った場所においてあげましょう。また、難産になった場合のことを考えて、獣医師に連絡がとれるように準備を。出産のときは基本的に手出しをしないのが鉄則ですが、手助けが必要になったときに備えて、タオル数枚・消毒したハサミ・ガーゼ・ティッシュペーパーなどは用意しておきましょう。

出産が近付いたサイン　やけに甘える／食欲低下／産箱をかき回したりして落ち着かない／産箱にこもる（出産は夜中に始まることが多い）／乳首から母乳がにじみ始める／体温が通常より約1℃はっきりと下がる

注意！　この時期、なにかの拍子に外に出てしまうと、どこかに身を潜めてしまうこともあるので、外には絶対出さないこと。

出産のプロセス

1 呼吸が激しくなり、あえいだりのどをゴロゴロと鳴らし始める。この状態で6時間ぐらい続くこともある。

2 産箱いっぱいに手足を伸ばし、いきみだしたら陣痛の始まり。ピンク色の血が混じったお

産箱を作ってみよう

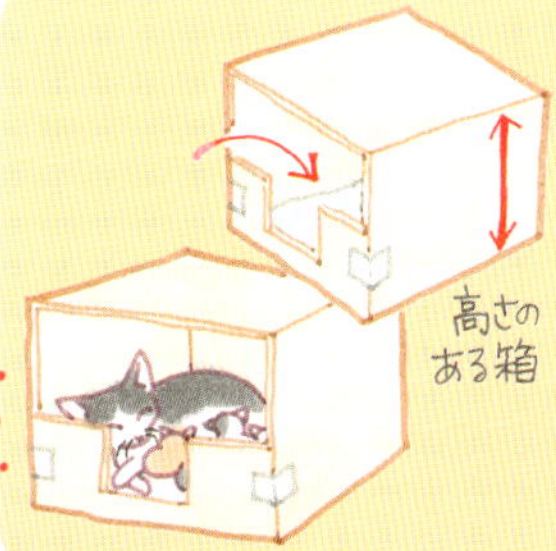
高さのある箱

1 母ネコが横になって両手足を伸ばしても、十分余裕がある大きさの段ボール箱を用意し、図のように切り込みを入れる。

2 底にペットシーツを敷き、タオルを数枚重ねる。

3 汚れた部分だけを取り替えられるようにちぎったティッシュペーパーを2の上に厚めに敷く。

りものが見られる。

3 陣痛が始まってから、30分ほどで第1子が誕生する。子ネコは風船のような膜に包まれて出てくる。通常は頭から出てくるが、まれに足から出てくる場合もある。

4 母ネコは出てきた子ネコの膜をなめ取る。これが刺激となり子ネコは鳴き声をあげ、呼吸をし始める。

5 分娩後に胎盤や羊膜《ようまく》が出てくる。母ネコは胎盤を食べることも。へその緒は手際よく、自分で噛み切る。

6 母ネコは子ネコの体をなめ回してきれいにする。

サポート! 子ネコの膜が覆われたままの場合は、指ではがしてあげる。

7 子ネコは自力で乳首を探り当て、吸いつく。

8 第1子誕生から、ほぼ10～30分後に第2子が産まれる。これを繰り返し、1度のお産で産む子の数は平均2～6匹。出産後は、母子ともそっとしておくこと。

サポート! 産後、母ネコが消耗しているようなら、少量の温かいミルクや好物を与えてもよい。

どうする? こんなとき

出産時、トラブル発生!

ネコはおおむね安産ですが、こんなトラブルも。状況によって対処しましょう。

獣医師に連絡して指示を仰ぐとき

- いきみ始めて1時間たつが出産しない。
- ピンク色、もしくは血の付いた分泌物が膣から出て数時間たつが、いきまない。
- 子ネコを全部産み終えていないのにいきむのをやめてしまった。

飼い主がサポートするとき

- 仮死状態で産まれたときは、子ネコを両手で包み、首がグラつかないようにして上下に数回振る。鼻や口から出てきた羊水を拭き取って、タオルで体をマッサージしながら産声がでるのを待つ。

破水してたら子ネコが危険!!
…
すぐ獣医師に連絡!

子ネコがいくらかわいいからといって、母ネコを不安にさせるような行為は厳禁。かまい過ぎると、母ネコは、取られるのではないかと恐れて隠したり、ときには食べてしまうこともある。

のびのび元気に育てる

誕生から1歳までの育児日記

**生まれたばかりの子ネコは、本当にかよわく頼りなげ。
でも半年後にはしっかり自立し、1年たてば人間でいえばほぼ18歳に成長します。
子ネコの世話やしつけは、やるべきタイミングを逃さないことが大切です。**

子供時代の過ごし方で性格や能力が決まる

目も見えず耳も聞こえないというまったく無防備な状態で産まれてきた子ネコも、6か月もたてば完全に母ネコから自立します。この間に母ネコや兄弟などとの遊びを通じて、ネコなりの社会生活を送るための狩りの方法や、他のネコとのつき合いかたなどを身に付けていきます。このようなネコなりの知恵や生活力、社交性は室内で“ネコ1匹＆飼い主1人きり”の環境では育ちにくいことも。お手本とすべき他のネコとの接触がないからです。遊ぶチャンスがなかったり、かわいがってもらえなかった子ネコは、孤独癖で神経質、すぐ噛みつく家庭内暴力ネコになることすらあります。元気で賢く社交性のある子ネコに育てるためにも、飼い主は十分な愛情を持ったスキンシップと、しつけをしましょう。

生後すぐ

体重約**100～120g**

- 目はあいていない。
- 母ネコが子ネコにまったく関心をしめさず乳を飲ませないようなら、人工哺乳が必要なので、獣医師に相談する。

1週間

体重約**200～250g**

- 目があいて、へその緒が取れる。
- 子ネコ同士で寄り添い、温めあっている。

3週間

体重約**250～300g**

- 足取りがしっかりして行動範囲が広がる。
- 歯が生えてくるので、そろそろ離乳準備を。母乳の他にキャットフードにネコ用ミルクを混ぜたペースト状のものに慣れさせる。新鮮な水をいつでも飲めるようにしておく。

4週間

体重約**400～500g**

- のどをゴロゴロ鳴らしたり、毛づくろいができるようになる。
- おもちゃを与えると喜ぶ。
- 離乳開始（ペースト状のキャットフードやベビーフードなど）。
- トイレのしつけスタート。

6～7週間

体重約**550～700g**

- 乳歯がほぼ生え揃う。
- 狩りの練習を始めようとし、さかんに兄弟とじゃれあう。すべてのものに興味しんしん。
- 体重を量って、発育状態を確認する。
- 7週目に入ったら離乳時期なので、キャットフードをそのまま与えてもよい。

8～9週間

体重約**700～1000g**

- 3種混合ワクチン接種を受ける（伝染性腸炎、ネコウイルス性鼻気管炎、カリシウイルス感染症）。効果を高めるために3～4週間後に再接種。

3か月

体重約**1000～1500g**

- 永久歯が生え始める。
- 外出時用のリードやケージに慣れさせる。
- 長毛種はブラッシング・シャンプーなどグルーミングに慣れさせる。

6カ月

体重約**2000～3000g**

- 母ネコから完全に独立する。
- 永久歯が生え揃う。
- メスの初回発情がみられる。

8か月

体重約**3000～3500g**

- オスは性的に成熟する。
- 避妊手術、去勢手術を受けさせられる。（P102－103参照）

12か月

体重約**3500g**～

- メスは出産が可能になるので、繁殖させるなら交配計画をたてる。

※体重は品種や両親の体格によっても変わります。

子ネコの離乳食の与え方

	生後3～6週間未満	生後6～7週間未満	生後7～8週間未満	生後2か月以降
食事内容	ネコ用ミルク＋ネコ用離乳食	ネコ用離乳食	離乳食＋幼ネコ用フード	幼ネコ用フード
体重1kgに必要な摂取カロリー	240kcal	230kcal	210kcal	200kcal
食事回数	1日4～6回に分けて与える	1日4～5回に分けて与える	1日3～4回に分けて与える	1日3～4回に分けて与える

ネコの避妊と去勢

繁殖させないなら手術を

室内飼いでも、子ネコをつくる計画がないなら
手術をした方が飼い主とネコがハッピーに共存できます。
避妊・去勢手術がネコにもたらすメリットもあります。

避妊・去勢手術をしないとこうなる

オス 生後8か月ぐらいから性的に成熟すると、部屋のあちこちにおしっこをかけるスプレー行為をしたり、メスを取りあってオス同士で激しく争い、生傷が絶えなくなったりします。

メス 発情の時期は生後6か月ぐらいから。長毛種は9～12か月。発情期の大きな鳴き声は、室内で飼っていても外に聞こえるほど。近所とトラブルになるケースもあります。また、必死に外に出ようとしてもがくことも。

知っていますか？ 行政の助成金制度

自治体によっては、飼いネコの避妊・去勢手術について、手術費用の一部を助成しているところがあります。たとえば東京都渋谷区では、区内居住者が区内で飼っている生後6か月以上のネコについて、去勢手術は5千円、不妊手術は7千円の助成があります。ただし、限られた予算枠内なので衛生課事業係に問い合わせることが必要です。千代田区や文京区などのように助成対象を地域ネコ（ノラネコ）に限っているところもあります。居住している自治体に、助成について一度問い合わせてみましょう。

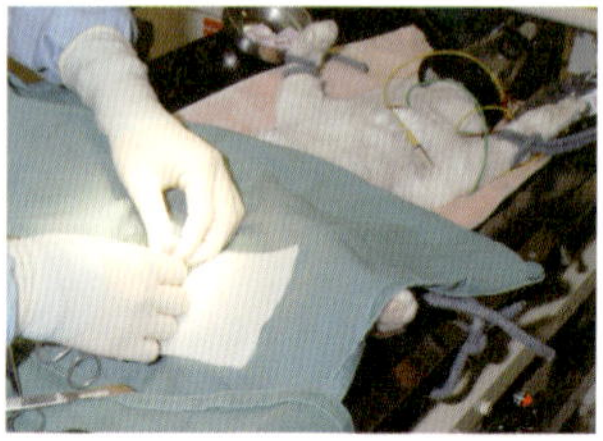

オスは睾丸を除去する手術を。

ガスマスクで去勢手術を施されるオスネコ。手術はおよそ数分で終わる。

オスは睾丸摘出 メスは開腹手術

いずれの手術も全身麻酔が必要です。病院によって、術前検査や入院日数が違うので十分説明を受けてから決めること。

タイミング オス：生後6～8か月
メス：生後4～7か月

避妊手術 全身麻酔で卵巣あるいは卵巣と子宮を摘出します。入院の有無や期間はネコの状態や病院の方針によって違うので確認して。
☆費用の目安は2～5万円前後

去勢手術 全身麻酔で、睾丸を摘出します。
☆費用の目安は1万円～3万円前後

手術後の変化 肥満には注意して

オス・メスともに性別による性格の違いが少なくなり、おとなしくなります。その一方で太りやすくなるので、食事の管理をしっかりしましょう。

手術に適した時期の中でも、早めの時期、成熟する少し前に行うと、オスのマーキング行為やメスの大きな鳴き声を事前に防ぐ効果がある。一方、心身ともに十分に育って安定してから10か月ごろに手術をするという方法もある。獣医師に相談してみては。

オス

メリット

スプレー行為をしなくなる
自分の縄張りに強烈に臭うオシッコをかけるマーキングや、メスを求めて放浪することもなくなります。

平和主義になる
メスをめぐるライバルとのケンカが少なくなります。そのためケガも減り、伝染性の病気にかかる率も低下します。

デメリット

太りやすい
おとなしくなるため運動量が低下。男性ホルモンの分泌が少なくなることが影響しています。

メス

メリット

生殖器の病気予防
子宮蓄膿症や乳ガンなどにかかりにくくなり、交尾による感染症も防げます。

デメリット

太りやすい
食欲が増進し、食べる量も増えてきます。食事に注意したり、たくさん遊んであげて運動量を増やすなどの工夫を。

メスネコに 安全日はない
メスネコは交尾排卵といって、交尾の刺激で排卵が促され受精します。そのため交尾すればほぼ妊娠し、その確率は90%以上とも。子ネコが生まれることを望まない場合は必ず不妊手術を受けさせましょう。

複数飼いと複合飼い

ネコもイヌも快適に暮らす

ネコを何匹か一緒に飼う複数飼いや、ネコと他のペットを同居させる複合飼いをするときは、お互いがハッピーに暮らせるように、飼い主の配慮が必要です。ペットたちを共存させるためのコツと工夫を紹介します。

子ネコのころから同居を始めよう

ケンカが多い場合は、ケージを利用してみる。夜だけでもケージに入れることで、互いのテリトリーの確保ができ、落ち着くことがある。

ネコは基本的に単独行動が好きで、縄張りを大切にする動物なので、“仲間づきあい”がイヌほど上手ではありません。複数飼いをするときは、生後2～7週の子ネコのころから一緒に育てて慣れさせるようにしましょう。お互いに自分の臭いが付いているので、警戒せずに仲よく育つことがほとんどです。どちらも平等にかわいがることも大切です。また、ネコ同士にも「なんとなくいけすかない」、「無条件に好き！」といった相性があるようです。ネコにも気難しいタイプ、社交的なタイプと個体差があり、互いのタイプが異なると、なじみにくいことが多いかも。また一般に老ネコは、新入りの子ネコと相性がよくありません。老ネコのテリトリーに子ネコを近付けないのがベストですが、スペースの関係上むずかしいなら、老ネコ専用のくつろげる空間を確保してあげましょう。

ネコと他のペットとの相性チェックシート

	よい	悪い	注意が必要
子イヌ（生後3～12週）	○		
成イヌ			○
フェレット			○
ハムスター（モルモット）		○	
鳥		○	
ウサギ			○
金魚・熱帯魚			○
爬虫類			○

相性が悪いのは鳥やハムスター

飼い方の工夫や相性によっては、ネコと他の先住ペットとの複合飼いも可能です。しかし、鳥は、相性のよしあし以前の問題。ネコの手が届かない高い位置に鳥かごを吊るしても、ネコはジャンプして飛びつこうとしたり、つねにハンターの目で鳥を見つめています。それは鳥カゴの中にいる小鳥にとって大変なストレスです。

野生の小鳥は、天敵のヘビを見ただけでショック死する場合もあるほどなので、ネコによる恐怖も相当なものと考えられます。ネコと鳥の複合飼いは、双方に気の毒な状況といわざるを得ません。また、ハムスターに対しても、ネコはハンターとしての能力を発揮します。捕まえていたずらしたり、食べてしまうおそれがあるので、同居はむずかしいでしょう。

複合飼いの注意点

イヌ	ネコ専用のスペースを用意。イヌが登れない場所に作ると安心。ネコのエサをとられないようにする。
フェレット・ウサギ	ネコがウサギやフェレットをいじめないように気を付けておくこと。
金魚・熱帯魚	いたずらしないように水槽にフタをする。小さい水槽だとひっくり返すことがあるので注意。
爬虫類	噛み付きなどでネコを傷付けることがあるので、ネコが近付けないように柵などを作っておく。

どうする?
こんなとき

初顔合わせが心配です

先住のネコがいるところに新入りネコを迎える場合は、新入りばかりかわいがらず、古株にも十分に愛情を注いでください。古株と新入りがうまくやっていけるかどうかは、飼い主の態度も大きく影響します。両者が初めて対面するときは、新入りの体に先住ネコのトイレの砂を少しつけておくとよいでしょう。
先住にイヌがいる場合は、顔を合わせる時間を2時間程度に区切り、飼い主が見守りながら行いましょう。イヌはケージに入れるか、つないでおきます。ネコが怖がったり、イヌが吠えたりしたら無理をしないで切り上げること。一気に慣らそうとせず、少しずつ慣らしていくことが大切です。

カメとネコの珍しい組み合わせ。これが意外にベストマッチ!

老ネコに合った暮らし方

老化の兆候は7～8歳から

老化の兆しは早い場合は7歳ぐらいから現れます。10歳前後からは、老ネコと考えてよいでしょう。いたわりの気持ちをもって、快適な老後を送らせてあげましょう。

人間と同じく高齢ネコが増えている

ネコの寿命は、室内飼いの増加や獣医学の進歩、食生活の向上などを背景に少しずつ延びています。室内飼いのネコの平均寿命は13～15歳といわれていますが、20歳を過ぎることも最近では珍しくありません。人間と同様、ネコも老いると体や行動に加齢のサインが現れます。それらの老化サインをキャッチして、適切なケアをしてあげましょう。

こんなサインは老化の合図

動作が鈍くなり、よく寝る

体の機能や脳の衰えから、体の動きが緩慢になり、1日中ほとんど寝て過ごすようになる。

毛づやが悪くなる

年をとると体のしなやかさが奪われるので、毛づくろいも以前ほどしなくなる。そのため被毛につやがなくなりパサついてくる。

爪が伸びやすくなる

あまり体を動かさなくなり、爪とぎの回数も減るので、爪が伸びがちに。

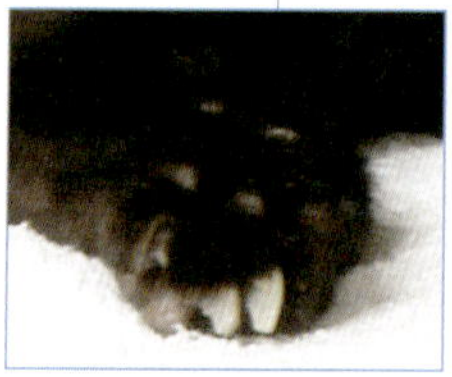

ネコの年齢を人間にあてはめると？（歳）

ネコ	6か月	1	3	6	8	10	11	13	16	20
人	14	18	28	39	48	56	60	70	80	96

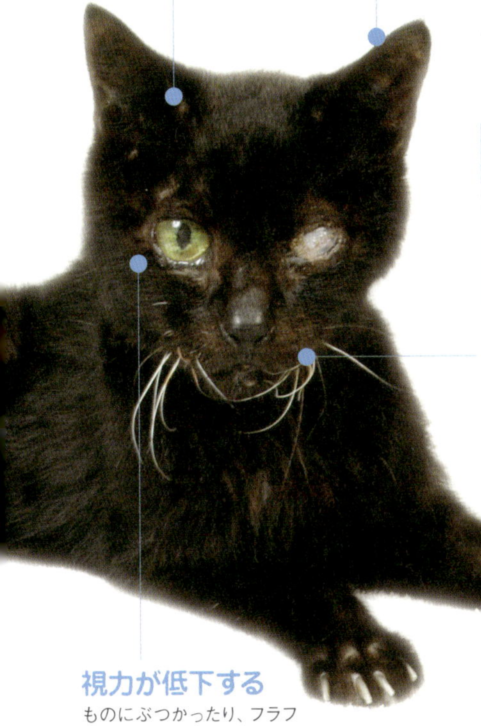

脳や神経の衰え

エサを食べたばかりなのにすぐねだる、トイレの場所を忘れる、名前を呼んでも無反応などの症状が現れることもある。

聴力が低下する

飼い主が何度呼んでも気付かなかったり、大きな物音がしているのに反応していない場合は、聴力が低下している可能性がある。

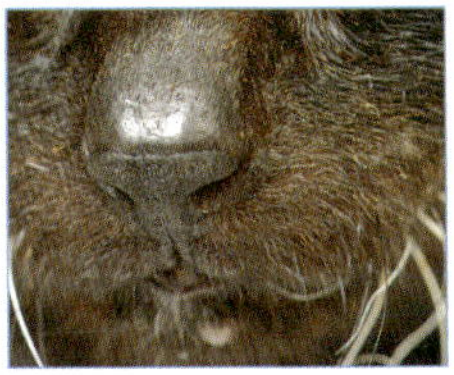

目ヤニやよだれが多くなる

顔を洗う回数も少なくなるので、顔の汚れが目立つことも。ヒゲや口周りには白い毛が目立つようになる。

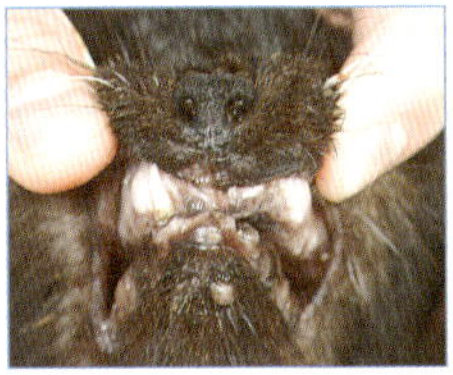

歯が抜けたり、息が臭う

硬いエサを好まなくなると、歯垢が付きやすく、歯周病から歯が抜けることも。8歳前後から抜けやすくなる。

視力が低下する

ものにぶつかったり、フラフラしていることが多くなったら、視力が低下している可能性がある。

ネコはよく寝る動物だが、老ネコになると、さらに睡眠時間が長くなる。居心地のいい落ち着ける定位置を用意してあげたい。

老ネコのケア法

食事

- 1回の量を減らし、回数を多くします。太るようなら、今までの8割程度に抑えましょう。
- 老ネコ用キャットフードの種類は多いので、獣医師にネコの状態にあったものを選んでもらうとよいでしょう。食欲がなければ消化がよい良質のタンパク質（鶏の胸肉、牛レバー、アジ、カレイなど）を与えてみます。

体重

毎月1回は体重チェックを。食事内容を変えていないのに15%以上の急激な体重の増加があったときは、獣医師に相談した方がよいでしょう。腎臓や甲状腺の病気かもしれません。また、肥満は、さまざまな病気のひきがねになります。食事の管理で調整を。

環境

- **引っ越し・模様替え**　「ネコは家につく」と言われるように同じ環境を好みます。老ネコにとって引っ越しや部屋の模様替え、リフォームは大きなストレスになる可能性があるので、できるだけ避けましょう。
- **新入りネコ**　新しいネコ、特にエネルギーに溢れた子ネコは、老ネコにとってストレスになることが多いでしょう。

グルーミング

自分では十分な毛づくろいができなくなるので、手助けしてあげましょう。

- 毛の汚れが目立つときは、温かい蒸しタオルで拭いてあげます。
- 目ヤニやよだれは、湯に濡らして絞ったガーゼで拭き取ります。
- 口のケアは、指にガーゼを巻いて、歯や歯肉をブラッシング。歯肉のマッサージや歯垢の除去ケアを行います。
- 爪もまめにチェックして、伸びていたら切ってあげましょう。

生活全般をサポート

看護と介護は愛情を込めて

**ネコが病気になったときは、獣医師の処置はもちろんですが
飼い主の愛情こもった看護も大切です。
体が不自由になったネコの介護の仕方も、アドバイスします。**

病気のネコのケア法
薬・食事・寝床はこうする

病院で薬を処方されたときは、指示通りに飲ませてください。特に抗生物質は、飲ませる間隔や回数を守らないと薬剤耐性菌が出現し、効果が薄れることもあります。ネコはデリケートな生き物なので、人間が「何が何でも薬を飲ませる！」と気負い過ぎると異変を感じて逃げることもあります。普段と変わらない態度で接しましょう。また、食欲がないときは、人肌程度に温めたエサを、少しずつ何回かに分けて与えます。毛づくろいも自分では十分にできないので、p106～107の老ネコのときと同じようにケアしてあげましょう。寒い時期は、寝床にアンカを入れてあげることも必要です。ベッドの位置は目の届く、静かな場所を選んであげましょう。

薬の飲ませ方

錠剤 その❶ 両手で口を大きく開く。薬をのどの奥めがけて入れる。手助けがある場合は、体を押さえてもらう。1人の場合は、ネコを両ひざの間に入れて暴れないように押さえる。手早くやることがコツ。

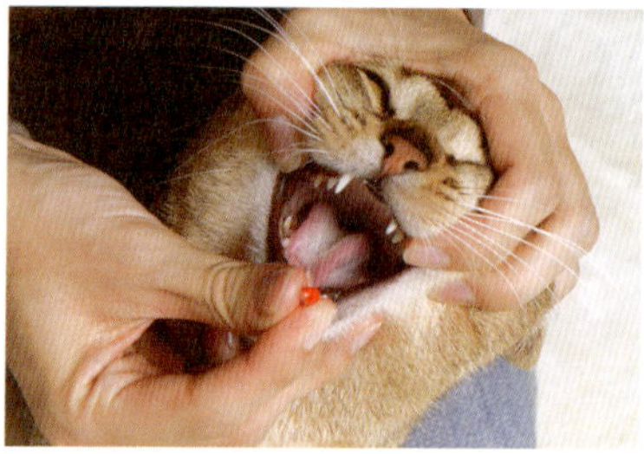

錠剤 その❷ 細かく砕きエサに混ぜる。1度に全部混ぜないで、一口分のエサに少しずつ混ぜ、食べ終えたのを確認してから、残りを与える。

シロップ スポイトに入れて口の横から素早く入れる。その際、スポイトを咬み切られないように注意する。

粉薬 錠剤の飲ませ方その❷と同じようにする。または、少量のバターやマーガリンに薬を練り込んで口の中に入れる。口の周りに塗ってなめさせてもよい。

疲れさせない スキンシップを

病気やケガで具合の悪いネコは、身を潜めてじっとしていたり、室内飼いでよく慣れている場合は、普段よりも甘えてきたりします。そんなときは十分なスキンシップで、甘えさせてあげましょう。優しくそっと抱き上げてなでるだけでも、ネコは安心し自然治癒力も高まります。絶対安静で抱くことができない場合は、名前を呼び、体にそっと触れてみましょう。眠ったら、そのまま静かに寝かせます。スキンシップで十分に甘えさせることが大切ですが、ネコを疲れさせないような配慮も必要です。

飼い主がチェック! ネコの健康基礎データ

私たち人間と同じようにネコの健康管理にも、体重・体温・脈拍数は重要なバロメータになります。次のような方法で、健康なときの状態を把握しておきましょう。獣医師にかかるとき、診察の参考にもなります。

体重 飼い主がネコを抱いて体重を量ってから、飼い主の正確な体重を引く。

体温 ラップをまいた電子体温計を肛門の中に差し込んで計る。38～39度なら正常。

脈拍 胸に耳を当てて心臓の鼓動を直接聞くか、後ろ脚の付け根の内側の動脈に中指を当てて脈をとる。1分間に160～180拍なら正常。

呼吸 ネコが横たわっているときのお腹の上下動をカウントする。1分間に20～30なら正常。

介護のポイントは 排泄の手助け

事故やケガで体が不自由になった場合、あるいは先天的なハンディがある場合には、補助具の利用やリハビリなど、ネコの立場にたった環境作りや介護を心がけましょう。

ネコの介護用品を専門に扱っているショップがある。

介護の方法

排泄がコントロールできない場合

排泄の手助けは介護の要です。尿・便とも自力でコントロールができなくなったら、オムツを付けることも考えます。尿は、1日3回、膀胱を軽く押して出させることもできます。便は数日に1回、おなかのマッサージを肛門に向けて行います。いずれも獣医師のアドバイスを受けてから行いましょう。

寝たきりになった場合

排泄の介助は、上と同じようにします。寝たきりの場合は、ネコも床ずれになり、皮膚がただれることがあるので、5～6時間おきに姿勢を変えてあげます。人間用の床ずれ防止マットなどを使ってもよいでしょう。

全盲のネコ。飼い主が手となり足となり、愛情を込めて介護をしている。

column. 5

赤ちゃんのいる家でも飼える？

『ネコとベビー、うまくやっていけるの？』という不安は、ネコの性質を把握しきちんとしたお世話で解消！ベビーとネコのおつきあいのルールを守って、スムースな共存生活のスタイルを見つけましょう！

ルール1. ネコを無視したり邪険にしない！

以前と変わらぬ愛情を注いでネ…

ネコはとてもデリケート。ベビーが生まれ家族の関心がそちらに集中し、かまってもらえなくなると敏感に察します。そしてストレスや病気の原因になることも。

ルール2. 妊娠がわかったときから… ネコの健康管理と病気感染予防をしっかりする！

ベビーが生まれたらネコのトイレとエサの場所に気をつけ室内を清潔に保つことが基本！

ノミ取り首輪は必ず外して

ルール3. ベビーとネコだけにしない！

ベビーの寝室に知らないあいだにネコが入り込まないよう注意！

ネコは好奇心旺盛！

ベビーがいる場合は、ネコに限らずペットはすべて、人の見守りなしに一緒にさせないこと。

Part 6

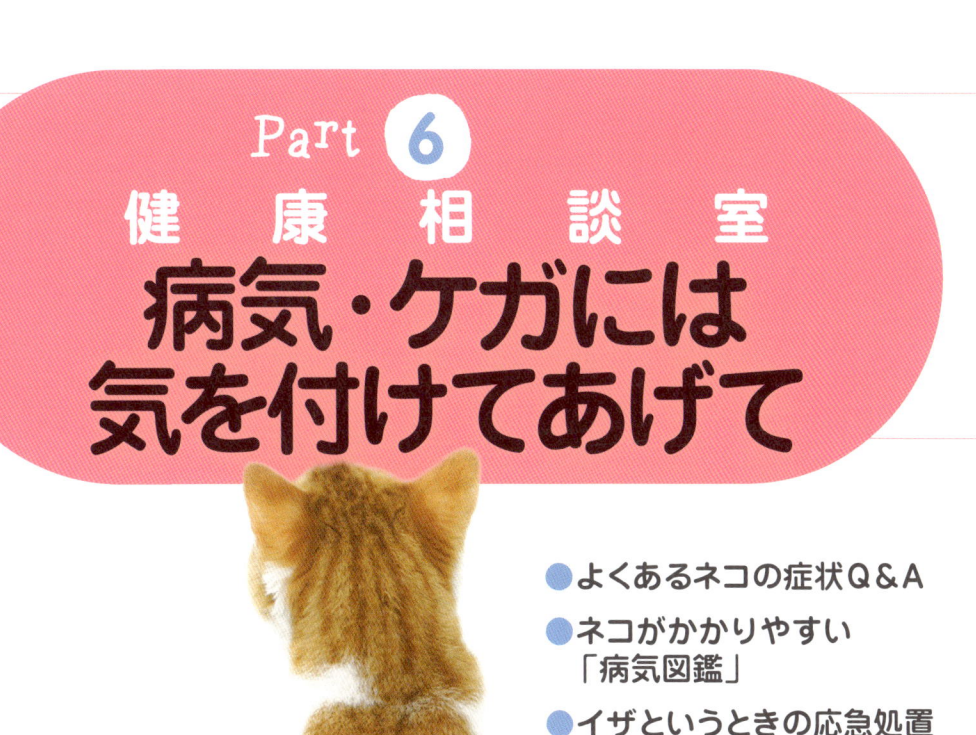

健康相談室

病気・ケガには気を付けてあげて

- よくあるネコの症状Q＆A
- ネコがかかりやすい「病気図鑑」
- イザというときの応急処置

健康相談室

よくあるネコの症状Q&A

**ネコの病気も人間と同じように早期発見・早期治療が大切です。
でも、ネコは少しぐらい調子が悪くても、それをあまり外に出しません。
病気のサインかな？　と思ったら、早めに病院へ連れて行きましょう。**

Q 黒い耳アカがあり、よく耳をかきます

A 耳ダニや外耳炎の可能性があります

黒い耳アカは、耳ダニの寄生が考えられます。ペットショップでも耳ダニ用の薬は売っていますが、使用しても改善しない場合は獣医師に診せましょう。また耳を触られるのをひどく嫌がる、耳だれがある、耳の中が臭うといった症状を伴う場合は、外耳炎などの炎症を起こしていると考えられるので、早めに治療を受けること。

耳の中をチェックする

●健康なネコの耳の中はピンクがかった肌色です。汚れているときは、要注意。

●足でしきりに耳の内側をかこうとしたり、耳を下向きにして元気がなくうずくまっているのは、耳のトラブルのことも。

Q セキやクシャミをします　カゼですか？

A ネコウイルス性鼻気管炎かもしれません

どちらも長引く場合は、ウイルス性の呼吸器疾患である、ネコウイルス性鼻気管炎（P118）かもしれません。ウイルスを持っているネコのクシャミや鼻水、排泄物などから感染します。感染後2～3日で発病し、クシャミやセキが続いて元気がなくなり、食欲も低下します。体力のない子ネコや抵抗力の落ちている老ネコの場合は、合併症を起こして命取りになることもあるので、獣医師の診察を受けましょう。ワクチン接種で予防することができます。

Q 日本ネコで6kgです。ダイエットすべき？

A 太り過ぎでしょう。低カロリー食を

ネコのベスト体重は品種によって異なります。日本ネコの場合は一般に3～4kgとされるので、ご質問のように6kgの体重がある場合はダイエットした方がよいでしょう。肥満は、さまざま

な病気の誘因になるからです。今までの食事に市販の低カロリー食を少量ずつ混ぜて慣れさせ、徐々にその量を増やして切り替えてみましょう。おやつのあげ方や、運動不足にも注意して（P40参照）。

Q 多飲多尿は糖尿病のサインってホント？

A 本当です。多飲多尿は初期のサインです

人間と同じように、ネコにも糖尿病があります。大量に水を飲み、尿の回数が増すのは糖尿病の初期症状の恐れがあります。

悪化してくると、食欲が低下し、やせて元気がなくなってきます。糖尿病は進行すると、合併症を起こすこともあるので、早めに治療することが大切です。

なお、肥満ネコのオスは糖尿病になりやすいといわれています。ネコにとっても肥満は健康の大敵。食事や運動で肥満を防いであげるのが、飼い主のつとめです。

Q 最近、食欲がなくてとても心配です

A 他の症状も伴うときや長引く場合は、病院へ

数日で元に戻れば、特に問題はありません。季節の変わり目や環境のちょっとした変化で、食欲がなくなることはよくあります。食欲不振が長引くときや、発熱・セキなどの症状を伴うときは、内臓疾患やネコウイルス性鼻気管炎（P118）などの病気が疑われます。早めに獣医師に診せましょう。

Q ネコにも便秘があるのですか？

A 1週間続いたら要診察。習慣性なら食事療法を

人間と同じように、ネコもストレスや運動不足などで便秘になることがありますが、2～3日程度なら心配ありません。しかし、それ以上続く場合は腸の機能障害や異物の飲み込み、毛球症などが原因のこともあるので、診察を受けましょう。習慣性の便秘なら、食事療法が有効です。獣医師の指導に従って、食生活を改善しましょう。

Q 鼻が乾いていても問題ないですか？

A 発熱や脱水を疑い検温してみる

健康なネコの鼻は適度な湿り気を帯びています。鼻が乾いているときは、熱性の疾患や伝染病などにより、高熱が出ている可能性があるので、体温を測りましょう（P109参照）。ネコが暴れて測れないときは無理をせず、獣医師のもとへ連れていきます。なお、寝ているとき、起きた直後は鼻が乾いているのが普通です。起きて30分くらいで湿ってきます。

他の症状もあるか？

●鼻が乾いていて、かつ下痢、便秘、食欲不振など、どれかひとつでもいつもと違う症状があれば、すぐに病院へ。

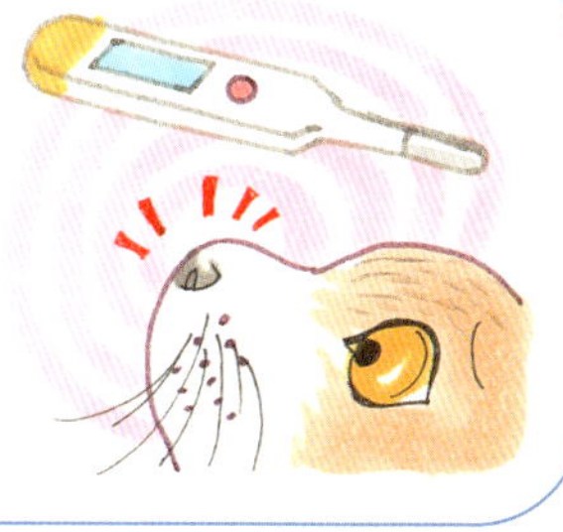

Q 便の回数が多く下痢をしています

A 軽いようなら一晩絶食。血便ならすぐ病院に

ネコが腰を引きずるような格好でトイレから出てきたり、トイレの回数が多いようなら便の状態をチェック。

下痢でも、熱がなく元気にしているようなら、一晩絶食して様子を観察します。1～3回程度の下痢ですめば心配ないでしょう。食事を少量ずつ数回に分けて与えます。

発熱を伴う下痢症状や、便に血液や異物が混じっている場合は、すぐに受診してください。便を持参すると診断の助けになります。

血便には2種類ある

●鮮血が混じる赤い便だけが血便ではない。どす黒く見える「タール便」も血便なので注意して。

Q お腹にしこりのようなものがあります

A 黄色脂肪症や乳がん、乳腺炎の疑いがあります

ゴリゴリしたしこりで、触ると痛がるようなら黄色脂肪症（P119）が、痛みがないようなら乳がんが考えられます。

授乳中、授乳後でしこりを押すと痛がり、乳汁が出る場合は、乳腺炎でしょう。いずれの場合も診察を受けてください。

Q 急に抱っこがキライになりました

A 骨折、ケガなど外傷の有無をチェックして

抱こうとすると嫌がり、じっとうずくまって動こうとしないときは、骨折やケガなど、外傷がないかを調べます。触るだけで嫌がるところがあるときも、そこに外傷がないか調べます。腹部にしこりがあって痛がる場合は、前出のように黄色脂肪症などが考えられます。

Q ネコもストレスでハゲになってしまう？

A ストレス・ノミ・カビがネコのハゲの3大原因

つねにストレスを感じていると、ネコはグルーミングをやり過ぎることがあります。そのため、毛が擦り切れて短く薄くなって、ついにはハゲのように見えることも。また、ハゲた部分をかゆがっているようなら、ノミアレルギー性の皮膚炎が考えられます。円形脱毛症の場合は、皮膚真菌症というカビによるものかもしれません。早めに病院へ。

人間にうつる脱毛もある

●脱毛があるときは、必ず何らかの病気が原因していると考えられる。また、真菌症のように、人間にうつるものもあるので、早く手をうつことが必要。

飼い主に何か訴えていることも

●トイレに行きたい、水やエサがほしい、と鳴いていることもある。自由に用を足したり、食べられるようにして、様子を見るのもひとつの方法。

Q オシッコのポーズだけで何も出ないようです

A 泌尿器系の病気の疑いも。オスネコは要注意

トイレに頻繁に通うのに、尿が出ていなかったり量が極端に少ない、排尿のポーズをするのにまったく尿が出ないといった場合は尿路結石など泌尿器のトラブルが疑われます。去勢したオスネコにやや多くみられます。特に尿が出ていなくてペニスが体外に出たままになっていたら危険信号！ 大至急診察を受けて。尿毒症まで進行すると致命的ですから一刻を争います。

Q 目を細めると瞬膜が出ますが大丈夫？

A 体調不良のサインです。様子を見て病院へ

瞬膜とは目を保護するための薄い膜で、通常は縮んだ状態で目頭の位置にあります。瞬膜はネコの健康状態のバロメーターで、何らかのトラブルがあると出ることが多いといわれます。下痢や食欲不振なども伴うようなら、受診しましょう。

Q 夜中にギャーギャー鳴くようになりました

A 発情期以外なら、ストレスが原因のことも

避妊手術をしていない場合は、発情期を迎えたサインのいわゆる「発情鳴き」でしょう。避妊手術済みで発情シーズンでもないのに突然騒ぐようになった場合は、引っ越しなど環境の変化によるストレスかもしれません。十分に相手をしてあげてください。

Q 目をショボつかせ、目ヤニや涙を出します

A 膿のような目ヤニなら結膜炎かもしれません

膿状の目ヤニで、充血もあるようなら、結膜炎が考えられます。発熱や鼻水、食欲不振などもみられるときは、ウイルス性鼻気管炎（P118）の疑いも。ただちに診察を受けてください。獣医師から目薬を処方されたら、次のような方法でさしてあげましょう。

目ヤニに注意

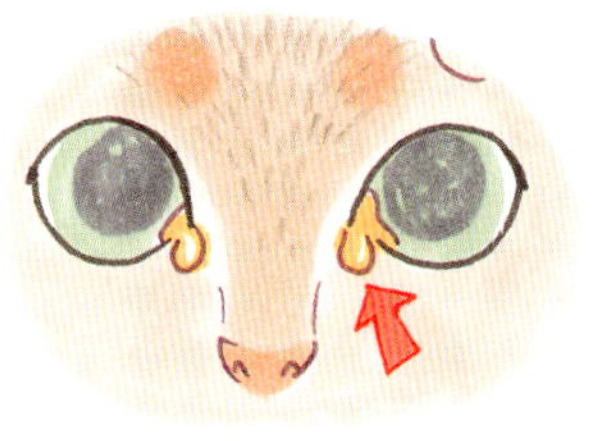

●健康なネコの目に、目ヤニが付くことはあまりない。目ヤニが多いときは、病気を疑ってみて。

目薬のさし方

1. 左手であごを支え、顔を上に向かせる。
2. 右手で目薬を持ち、目の真上から目薬をさす。
3. まぶたの上から軽くなでて、薬を目全体に広げる。素早く行うのがコツ。

Q エサを吐きました。病院に行くべきですか

A 発熱や脱水を疑い、検温してみる

ネコの体は嘔吐の機能が発達しています。そのため、ちょっとした食べ過ぎや消化不良、異物を食べたりしたことなどで吐くことがよくあります。吐いても一過性で、その後元気にしていれば心配することはまずないでしょう。しかし、嘔吐を繰り返したり、吐いたものの中に血が混じっている場合は、伝染性腸炎（P118）などの疑いもあるので、すぐ診察を受けてください。

長毛種なら毛玉かも

●グルーミングのときに食べた毛を、毛玉として吐いている場合もある。1～2か月に1度程度なら正常。

Q 手足をこわばらせ白目になってしまいました

A てんかんかもしれません。獣医師による診察を

突然引き付けたように手足を硬直させ、よだれを垂らしたり失禁したりする症状は、脳や中枢性の発作で、いわゆるてんかんの可能性もあります。発作に苦しむ姿に飼い主は大きなショックを受けるかもしれません。

しかし発作は数分で治まり、死につながることは少ないので、落ち着きましょう。獣医師の診断を受け、服薬させる場合は注意事項を守ることが大切です。

活発なネコや授乳中なら多めにあげる

●あまりにもねだる場合は、量が足りないこともある。太っていない場合は、もう少しあげてみて。

Q 食べたあとに、またすぐエサをねだります

A 7歳以上なら、加齢による認知症（痴呆）の恐れが

ネコの老化は早い場合は7歳ぐらいから始まり、10歳を過ぎれば老ネコと考えます。老化現象のひとつに脳や神経の衰えがあり、程度によっては人間の認知症（痴呆）のような状態になることもあります。食事した直後にエサを催促するだけでなく、トイレの場所を忘れて粗相をしたり、全体に反応が鈍くなり眠ってばかりという状態なら、その可能性は大。余命はだいたい半年から1年ぐらいと考えられます。エサは、1回の量を少なくして、ねだったら与えます。もっとも内科的病気による場合もあるので、獣医師に診てもらった方が安心です。

Q よだれが多い場合は、何が原因ですか？

A 口内炎や悪心《おしん》（吐く前）が考えられます

よだれが多くて、口臭があったり、歯肉部分が赤くなっていたり、歯石があれば、口内炎が考えられます。動物病院で治療を受けましょう。また、腎不全で尿毒症の場合も吐き気があり、よだれが多く出ることがあります。

Q 家ネコなのに、ノミがわいてきます

A 快適な環境ではノミも繁殖しやすい

完全室内飼いでも、ノミが発生することがあります。原因としては、飼い主が外で触った他のネコから連れてきたり、ペットホテルで他の動物からうつされたことなどが考えられます。ネコに寄生するネコノミ、イヌノミは気温18度以上、湿度70％以上の環境で大発生するので、梅雨から夏にかけては、ノミにとって絶好の環境。この時期は特に注意が必要です。部屋の掃除と駆虫は、根気強く徹底的に行いましょう。

Q ベッドに入りたがり、困っています

A 感染症予防のためにも入れないこと

ネコを伴侶動物（コンパニオンアニマル）として可愛がることは、とてもよいことですが、あくまでもネコはネコ。擬人化した濃密な接触は避けるべきです。予防接種などを受けていてもヒトとの共通感染症のリスクはゼロではありません。節度を守って可愛がることが大切です（P119参照）。

ネコベッドで寝るよう習慣付ける

●いくら人間のベッドに入りたがっても決して入れないこと。入れたり入れなかったりする方がネコも混乱してかわいそう。

週に2～3回ガーゼでぬぐってあげて

●人間同様、歯周病や歯槽膿漏対策には、定期的な歯みがきが有効（P49）。

Q とても息が臭くなり気になります

A 口内炎など口の中のトラブルの恐れがあります

ネコの息や口がひどく臭う、いつもと違う臭いがするといったときは、まず、口の中の病気を疑います。口内炎はかかりやすい病気で、伝染性呼吸器疾患などの初期症状かもしれません。また、歯肉に異物が刺さったり、歯石がたまり歯周病になっていることが原因のことも。よだれ、食欲低下もある場合は、内臓の病気によるものかもしれません。悪化しないよう早めに受診して。

Q 腹部がふくらんできましたが…

A 回虫、伝染性腹膜炎などが考えられます

子ネコの場合は回虫（P119）が原因でしょう。成ネコの場合、徐々にふくらんでくるのは伝染性腹膜炎（P118）や子宮蓄膿症、腫瘍による腹水がたまっていることなどが考えられます。急にパンパンにはってきたときは、ガスや、泌尿器の病気の疑いが。いずれの場合も至急診察を受けてください。

獣医さんが選んだ

ネコがかかりやすい「病気図鑑」

注 いずれの病気も、症状があれば、まずは獣医師に相談して、指示に従いましょう。

ネコ伝染性腸炎

別名　ネコ汎（はん）白血球減少症、FPL、ネコジステンパー

原因 パルボウイルスによる。感染ネコの便、尿、吐しゃ物などから感染。

症状 血液中の白血球の数が激減し、抵抗力が衰える。高熱を出し、嘔吐や下痢が続き、水も飲まなくなり、脱水症状に陥ることも。体力のない子ネコがかかると死亡率は9割ともいわれる恐ろしい病気。

予防 ワクチンで予防することができる。

ネコウイルス性鼻気管炎

原因 ヘルペスウイルス。感染ネコのクシャミや鼻水、排泄物などから伝染。

症状 ネコカゼとも呼ばれ、発熱、クシャミ、鼻水、よだれ、涙など、カゼのような症状が出る。体調が悪くなると再発することが多い。

予防 ワクチンで予防することができる。

カリシウイルス感染症

原因 カリシウイルス。感染ネコのクシャミや鼻水、排泄物などから伝染。

症状 ネコウイルス性鼻気管炎とほぼ同様。口内炎や舌炎がひどい。もっとも怖いのは、肺炎を併発した場合で、死亡することもある。動かなくなったり、走ると呼吸が荒いときは要注意。

予防 ワクチンで予防することができる。

ネコ白血病ウイルス感染症

原因 ネコ白血病ウイルス。感染ネコの主に唾液から感染。感染力そのものは弱い。

症状 この病気に感染すると白血病にかかりやすくなる。免疫力が落ちて、他の病気も発症しやすい。症状は、発熱、食欲不振、貧血など。リンパ節が腫れてくることも。ただし、感染してもまったく症状が出ない場合もある。

予防 ワクチンで予防することができる。

ネコ伝染性腹膜炎

原因 コロナウイルス。感染ネコの分泌物、排泄物などから感染。

症状 感染初期に微熱が続き、その後治癒したように見えることもあるが、一度発病すると致命傷になることもある。腹膜炎を起こして腹水、胸水がたまり、腹部がふくらむケースと、水はたまらない場合がある。いずれも元気や食欲がなくなり発熱などを伴う。

予防 感染している動物に近づけない。

ネコ免疫不全ウイルス感染症

ネコエイズ

原因 感染ネコの唾液や傷口か

ら感染する。

症状 感染してもすぐに症状が出ないこともある（無症状キャリア）。免疫力の低下により抵抗力が衰え、伝染病にかかりやすくなる。リンパ節の腫れや発熱が続く。口内に潰瘍ができることもある。なお、ネコから人には感染しない。

予防 ワクチンで予防することができる。

黄色脂肪症
イエローファット

原因 ビタミンE不足。赤身のマグロ、サバ、アジなどを与え過ぎると、それらに含まれる脂肪酸が酸化するときに、体内のビタミンEが破壊されて、ビタミンE欠乏症になる。

症状 まず、毛のつやがなくなり、そのうち脂肪組織が炎症を起こして、腹などにしこりができて痛む。

予防 予防法は、栄養のバランスの取れたキャットフード（総合栄養食）を与えること。

回虫症

原因 回虫の寄生。母子感染したり、感染ネコの糞便から口を介して感染する。

症状 下痢や嘔吐などがあり、やせてくることも。腸閉塞を起こすこともある。

予防 感染している動物に近づけない。

カイセン
疥癬

原因 ヒゼンダニが皮膚に寄生して起こる。

症状 初めは、耳や頭部のあたりをひどくかゆがり、耳を地面にすり付けたりする。脱毛やかき過ぎによる引っかき傷が見られることも。ダニの寄生が足や生殖器まで広がる場合もある。

予防 感染している動物に近づけない。

皮膚糸状菌症
リングワーム

原因 主に犬小胞子菌が毛や皮膚などに感染して起こる。

症状 顔や足に脱毛や水泡などが見られる。子ネコの場合はヒゲが抜けてしまうこともある。感染しても無症状のネコもいる。

予防 感染している動物に近づけない。

トキソプラズマ症

原因 トキソプラズマという原虫。生肉、ネコの便などから感染。

症状 子ネコの場合は、嘔吐や下痢などを起こして死ぬことがある。成ネコは無症状で終わることも。

予防 予防法は原因となる生肉を与えないこと。

知っておいて！

人間にうつる病気もある

トキソプラズマ症は、妊娠中の女性に感染すると、胎児に悪影響を与えるとして、問題になったことがあります。しかし、次のことを守れば、それほど怖れる必要はありません。

- **ネコのトイレを掃除したら、手をよく洗う。**
- **1日1回はネコのトイレを掃除する。**

ネコからの感染だけでなく、豚肉を生焼けの状態で食べないことも大切です。

また、**皮膚糸状菌症**は、人間の特に子供に感染しやすい病気のひとつです。首や手などに、かゆみや湿疹が起こります。

コクシエラ菌が原因の**Q熱**は、ネコ自身は無症状の場合もありますが、人間に感染すると長期にわたる疲労感などに悩まされる場合があります。慢性疲労症候群と関係しているという報告もあります。

覚えておけば安心

イザというときの応急処置

室内飼いのネコでも、思わぬケガや事故に遭うことがあります。
簡単で効果の高い応急処置を知っておきましょう。
ネコのS.O.Sに最初に応えられるのは、飼い主のあなたなのです。

Q 応急処置のために、用意すべきグッズは?

A 止血のためのガーゼなどは、ぜひ用意を

万一に備えてネコ専用の救急箱を用意しておくと安心です。かかりつけの獣医さん、救急診療OKの病院の連絡先、タクシー会社の電話番号も控えておきましょう。

Q 出血した場合の処置を教えて

A 傷口を流水で洗ってから、すばやく止血

出血が少ないときは流水で傷口を洗い流し、滅菌ガーゼを当てて、包帯を巻きます。出血が多いときは、傷口の上にガーゼなどを置き、手でしっかり押さえて「圧迫止血」。包帯を巻いて固定してから、病院へ連れて行きます。

背中、腹部、胸の出血の場合

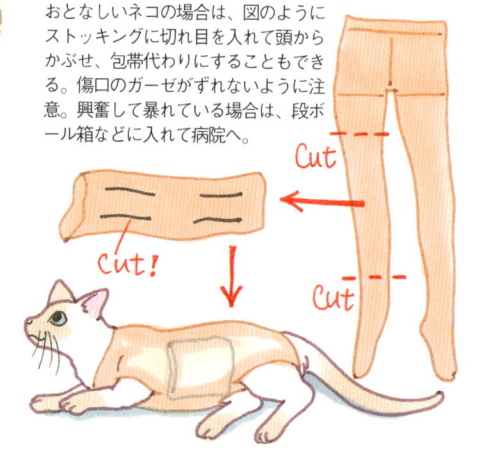

おとなしいネコの場合は、図のようにストッキングに切れ目を入れて頭からかぶせ、包帯代わりにすることもできる。傷口のガーゼがずれないように注意。興奮して暴れている場合は、段ボール箱などに入れて病院へ。

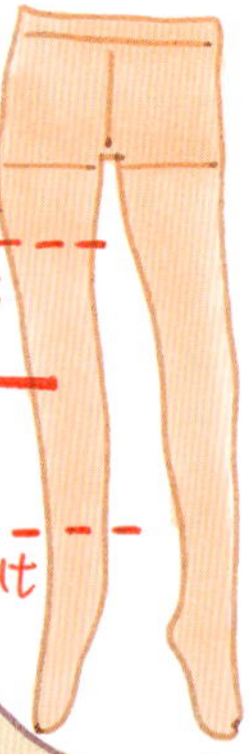

骨折でしょうか？脚を引きずり歩けません

A 副木《そえぎ》などで固定して患部の悪化を防止

歩けないときは、脚の骨折の可能性があります。患部をへたに触ると血管や神経を傷める恐れがあるので、振動を与えないように患部を固定し、至急病院へ。脚の副木には丸めた雑誌やガーゼで包んだ箸などが使えます。なお、下半身が完全にマヒしているようなら、背骨が骨折していることも考えられます。

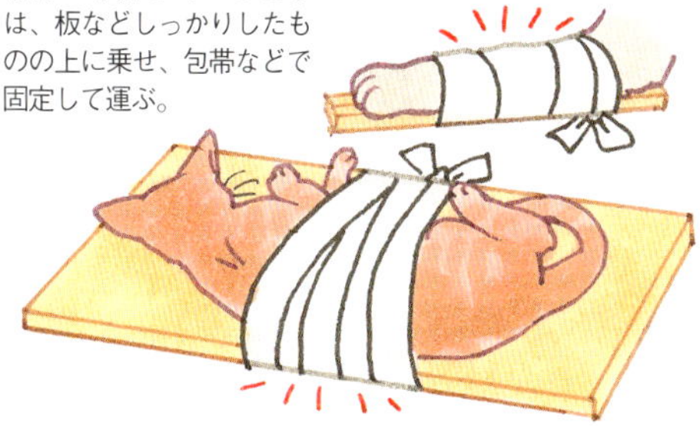
背骨が骨折しているときは、板などしっかりしたものの上に乗せ、包帯などで固定して運ぶ。

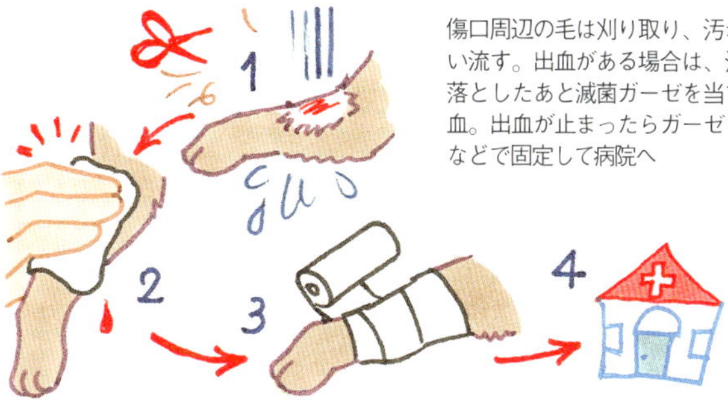

傷口周辺の毛は刈り取り、汚れを洗い流す。出血がある場合は、汚れを落としたあと滅菌ガーゼを当てて止血。出血が止まったらガーゼを包帯などで固定して病院へ

ケンカで噛み傷、ひっかき傷ができました

A 傷が化膿しないようにきちんと消毒を

室内飼いでも複数飼いの場合は、ケンカによる外傷の手当てを知っておきましょう。傷口を見付けたら傷口周辺の毛を刈ります。これは手当てをしやすくするためと、毛が傷口に触れたり入ることによって、化膿することを防ぐためです。その後、オキシフルなどを含ませた脱脂綿で消毒し、病院に連れていけば安心です。

ポットが倒れ熱湯でやけどしました

A まず患部を冷やす。水分を与えることも必要

やけどをした場合、範囲が広いときは、全身を冷水に浸します。その後、冷めたい濡れタオルでくるんで病院へ。脱水症状に注意して、ときどき水分を与えます。また、脚など体の一部がやけどした場合は患部を流水で冷やします。

やけどしたら、できるだけ早く冷やすのが基本。患部が広い場合は、一刻も早く病院へ。できるなら、板の上に横向きに寝かせて運ぶとよい。

Q 落下して意識不明。呼吸もしていません

A 蘇生処置をしてから板などに乗せて病院へ

ベランダから落下したときや、風呂に落ちておぼれたときなど、このような状態になる場合があります。一刻を争うので人工呼吸と人工心肺蘇生をしてみましょう。息を吹き返したら、タンカ代わりの板やタオルなどに乗せてすぐに病院へ連れていきます。

呼吸が止まっているときは

人工呼吸法

ネコを横向きに寝かせ、吐しゃ物をガーゼなどでぬぐい取る。口を手で押さえ、鼻の穴から3秒間、息を吹き込む。何度か繰り返して呼吸が戻るのを待つ。

呼吸も心臓も停止したら

人工心肺蘇生法

ネコを横向きに寝かせる。ネコの頭側から両手で胸を押さえ、親指と人差し指に力を入れる。1、2で力を入れて、3で脱力。1分間に30回行う。

Q のどをつまらせて苦しんでいます

A 一刻も早く異物を取り出して

かまれないように十分注意しながら親指と人差し指を口に差し込んで、口を開かせます。舌を押さえながら先の丸いピンセットか指で異物を取り除きます。異物が確認できないときは、両脚を持って逆さにし、揺すります。腹部を押すと異物が出る場合もあります。それでも取り出せなかったら、至急病院へ。

ネコはもがいて暴れるので、タオルでくるんで処置をする。1人ではかなり大変な作業なので、手伝いを頼めるならお願いする。

Q 足にトゲが刺さって、自分でなめています

A ピンセットで抜く。ただし、無理はしないこと

ネコの足にトゲや針が刺さって、なめたり、かんだりしていたら、まず、ピンセットで抜いてみましょう。うまく取れれば、そのまま様子をみます。グラスの破片や釘などの場合もピンセットで取り除いてみて、出血していれば止血します。この場合は、うまく取れても傷が深くなりがちで、感染症にもかかりやすいので、あとで診てもらった方が安心です。いずれの場合も、深く刺さっているときは、無理をしないで、早く病院へ連れていきましょう。

Q 体にゴキブリ捕りのシートが付いて取れません

A サラダオイルで拭き取ってみる

意外によくあるトラブルですが、無理に引きはがしたりしてはいけません。粘着物が付いているところの毛を刈るのも一法ですが、サラダオイルで拭き取れることが多いようです。拭き取れたら、シャンプーしてあげるとよいでしょう。ベンジン、シンナーなどの薬剤は、絶対に使ってはいけません。ネコが中毒症状を起こす危険性があります。

Q 目が充血しています。異物が入ったみたい

A 水で目を洗い流す。目をこするときは爪を保護

まず水で目を洗ってあげます。異物が取れた様子がなかったり、どこにあるかわからないときは、無理して取ろうとせずに、至急病院へ運びましょう。しきりに目をこすろうとするときは、トラブルがある側の前脚第一指の爪をバンソウコウや包帯で保護すると、目を引っかくことを防げます。

Q コードをくわえて失神。感電でしょうか

A ネコに触れる前にまず、コンセントを抜く

コードにじゃれついているうちに、感電することもあります。切れたコードをくわえていたら、最初にコンセントを抜きます。絶対ネコに触れてはいけません。あなたが感電する危険があるからです。次に呼吸の有無や心臓の動きを確認。停止している場合は、人工呼吸や心肺蘇生措置（P122）を行い、ただちに病院へ。

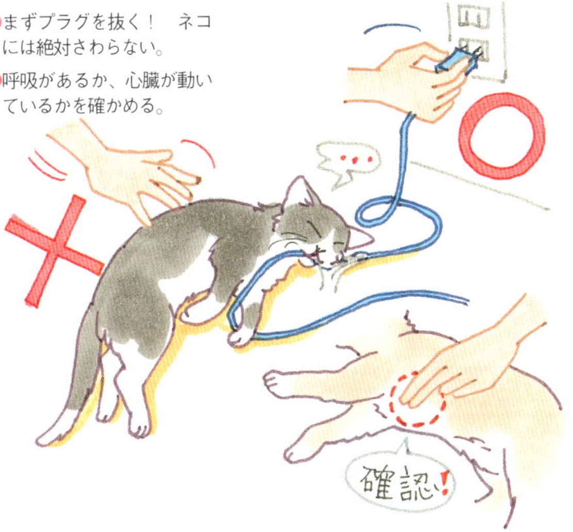

●まずプラグを抜く！　ネコには絶対さわらない。

●呼吸があるか、心臓が動いているかを確かめる。

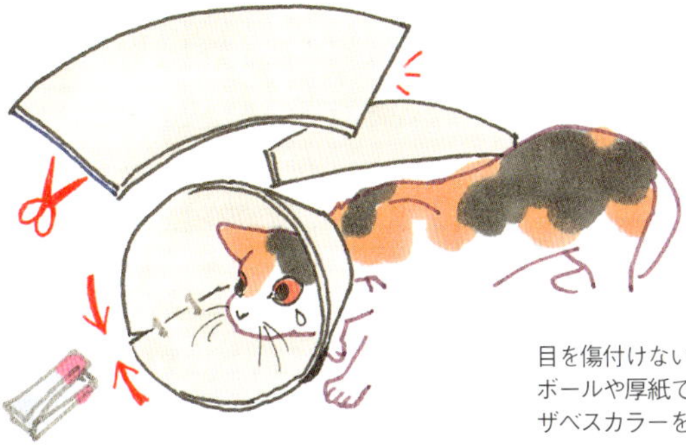

目を傷付けないように、段ボールや厚紙で即席のエリザベスカラーを作っても。

column. 6

いい獣医さんの見分け方

ネコを飼いはじめたら『早めに』

ホームドクターをつくろう！

お世話になるのは、病気やケガのときだけではありません。

健康診断や予防注射

去勢・避妊手術

旅行のとき預ける

妊娠・出産のとき　などなど…

よい先生・病院の選び方

A 飛び込みNG！まず情報収集

方法1. 電話帳・インターネットなどで動物病院をリストアップ。実際に電話をし、対応をチェック！

2. 口コミ！ご近所の評判を聞く。できれば複数の飼い主に。

B 自分の目で外観・内部チェック！

雰囲気は？
たくさん患畜さんが来ている！？
清潔？
親切？

C 料金体系がキチンとしている！

明細書の発行や、治療費の内訳の説明があるところ。

D 会話のキャッチボールができる！

あまり話してくれない。一方的…どちらもバツ！

E 時間外診療の有無！

ネコは話せないし、具合が悪くなるときは突然！ということもある。夜中でもかけ込める病院は助かりマス!!

Part 7

ネコまるごと情報編

ここまで知っていれば安心・便利

- 生活費や医療費はいくら？
- 動物用保険のこと、知りたい
- ネコの留守番とお出かけ
- ネコを預けて出かけるときは
- ネコが脱走してしまったら
- 別れのときを迎えたら
- お役立ちネコサイト
- お役立ちネコブック
- 話題の店の一押しグッズ

ネコの家計簿

生活費や医療費はいくら?

**ネコは小さいからそれほどお金のかかるペットではない?
いえいえ、エサとトイレだけでも月に数千円、病院に行けば診療費もかかります。
ネコ関係の支出をこの際、きちんとチェックしてみましょう!**

生活費は1か月に約3000円

ネコを飼うとき、日々必ずかかるのがキャットフード代とトイレ砂代です。もっとも安いドライフードで1000円以上、もっとも安い紙製のトイレ砂で1000円程度かかります。その他にも、おやつ、シャンプー、ネコ草などの消耗品や、首輪、ブラシ、おもちゃといった関連グッズなど、ネコにかかる出費は意外に多いものです。少なくともネコの生活費として、1か月で3000円ぐらいは見ておく必要があるでしょう。経済的にも最後まで、責任をもって飼えるかどうか、まずよく検討してみることが必要です。

複数のネコを飼うときは、それだけ
経費もかかることを考慮して。

ネコにかかるお金一覧表(目安)

食事		
食器		500~3,000円
ペットフィーダー(自動給餌器)		7,800~50,000円
キャットフード	ウエットタイプ	1か月5,000円~
	ドライタイプ	1か月1,000円~
おやつ(ネコ用煮干し)		200~800円
ネコ草		300~500円
トイレ		
普通タイプ		2,000円~
フード付きタイプ		3,000円~
トイレ砂(紙)		1か月1,000円~
トイレ砂(木)		1か月1,500円~
トイレ砂(鉱物系)		1か月1,500円~
ペット用シーツ		600円~
消臭剤		600円~
グルーミング		
爪とぎ板		500~3,000円
爪切り		600円
ノミ取りクシ		1,000~2,000円
ブラシ		800~2,000円
シャンプー・リンス		600~3,000円
その他		
ケージ		3,000~30,000円
キャリーバッグ		2,000~30,000円
洗濯ネット		100~800円
ハーネス		800~1,000円
首輪		500~2,000円
おもちゃ		200円~
パーチ(止まり木)		5,000円~
ベッド		1,000円~
マタタビ(乾燥木)		500円

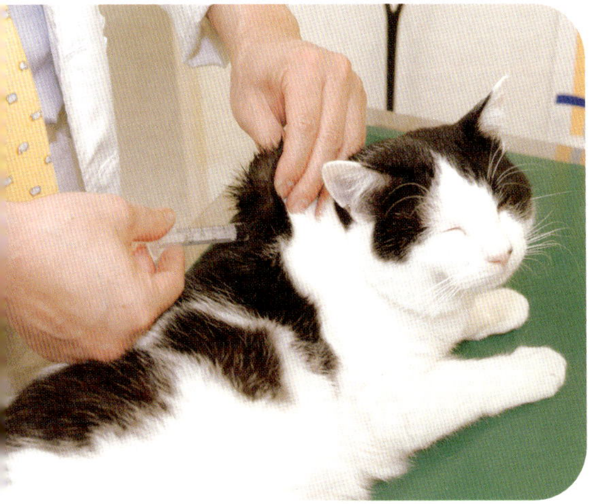

予防接種は5千～1万円 不妊手術は2万円～

ネコの健康管理は飼い主のつとめ。費用はかかりますが、健康診断や予防接種は必ず受けましょう。ワクチンの接種は、生後8～10週間の間に1回すませ、1か月後に2回目のワクチン注射を受けます。その後は1年に1回です。費用は、3種混合ワクチンとネコ白血病ウイルス感染症のワクチン注射をした場合は、合わせて1万円程度です。また、室内飼いのネコでも、去勢または避妊手術を受けさせた方が飼い主もネコもお互いに暮らしやすくなります（P102参照）。オスの去勢手術は1～3万円前後、メスネコの場合は2～5万円前後かかります。動物の医療費は人間の場合と異なり、健康保険でカバーされず、基本的に全額自費。それだけに、病院によって金額の開きが出てくることもあるので、事前に複数の病院に連絡をして、料金をきちんと確認しておくと安心です。

ネコの医療費（目安）

項目	内容	料金	
診察料	初診料	1,000～2,000円	
	再診料	500～1,500円	
往診料	通常往診料	1,500～2,500円	
	緊急往診料	2,500～4,000円	
時間外診療（平均額）	平日／休日	1,737円／2,226円	*
	深夜	3,823円	*
1泊入院料（看護料・フード含む・治療費を除く）		2,500～4,000円	
予防接種	3種混合ワクチン（伝染性腸炎、ネコウイルス性鼻気管炎、カリシウイルス感染症）	4,500～8,000円	
	5種混合ワクチン（上記3種にプラスネコ白血病ウイルス感染症、ネコクラミジア感染症）	6,500～10,000円	
診断証明書発行料		2,000～4,000円	
注射料（薬剤料は除く）	皮下	1,200～1,500円	
	筋肉	1,000～2,000円	
	静脈	1,500～3,000円	
点滴（1日）		3,500～4,000円	
輸血100mℓ以内（平均額）		7,564円	*
処置料	投薬（1種類、1日分）内服薬	300～500円	
	点眼	800～2,000円	
	外用薬	500～1,500円	
	歯石除去（全身麻酔）	15,000円～	
	包帯・ガーゼ交換（平均額）	962円	*
	抜糸（平均額）	681円	*
	浣腸（平均額）	1,627円	*
傷・皮膚（平均額）		2,674円	*
泌尿・生殖器（平均額）	分娩助産	3,737円	*
	難産介助	5,929円	*
救急処置（平均額）	気管内挿管	1,611円	*
	人工呼吸（30分まで）	2,376円	*
	心マッサージ（30分まで）	2,248円	*
麻酔料（平均額）	局所麻酔	1,770円	*
	全身麻酔　注射／吸入	6,422円／9,374円	*
手術料（平均額）	帝王切開	35,079円	*
	腹腔内腫瘍摘出	41,118円	*
	骨折	39,290円	*
	去勢手術	11,541円	*
	不妊手術	18,496円	*
検査料	血液検査（平均額・採取料は除く）		
	血液検査：ウイルス検査	2,615円	*
	血液検査：トキソプラズマ検査	2,917円	*
	糞便検査（平均額・採取料は除く）糞便虫卵検査（直接法）	748円	*
	心電図検査（平均額）	2,349円	*
	X線検査（平均額）　X線写真	2,682円	*
	X線検査（平均額）　診断・読影	1,241円	*

（注）金額はあくまでも目安です。実際にかかる金額は、症状や治療法などにより異なります。
＊印は平成11年　社団法人日本獣医師会実施の「小動物診療料金の実態調査」による

高額医療費に備えて

動物用保険のこと、知りたい

大切なパートナーであるネコのケガや病気は、十分にケアしたい。でも、医療費が…。そんな不安を解消すべく登場したのが、動物用医療保険。各保険の特徴を知りましょう。

ネコが入れる動物用医療保険とは

ペットが病気やケガをした場合、治療を目的とした通院や入院、手術などについて、保障してくれるのが動物用医療保険です。加入に際しては、4か月から7歳11か月までというような年齢制限がある場合がほとんどです。保険会社により、通院・入院・手術など各保障内容、掛け金、入会金、年会費、各種サービスなどは異なります。詳細は各社のHPなどでチェックしたり、資料を取り寄せたりして研究しましょう。契約する前には、加入にあたっての注意事項(約款)をしっかり読むことを忘れずに。

ペット保険の資料はここをチェック!

項目	チェックポイント
運営母体	明記されているか
再保険契約	結ばれているか
加入条件	ワクチン接種が条件か
	ワクチンの種類が指定か等
加入年齢	制限の有無
	推定の場合は可か
掛金形態	固定か変動か
保障形態	定率保障か定額保障か
保障内容	範囲、回数、限度額など
給付金	実費型か給付型か
各種サービス	会員サービスの有無

(注) 再保険契約とは、保険会社が掛ける保険のこと。万一破綻した場合など、支払いリスクへの備えと考えてよい。

保険でココまでカバーできる!

病気で通院　多くの場合、保険は、1日の通院から対象になります。

入院、手術　血液検査・レントゲン検査の他に、点滴・注射・投薬などの医療行為を行うために高額になりがちです。保険でカバーされるので、治療に専念できます。

病気やケガの範囲　多くの場合、外耳炎など、ネコがかかりやすい病気も含め、すべての病気やケガが保障の対象になります。

無事故、多頭加入の場合　一定の期間無事故の場合、保険更新料が安くなる無事故割引や、複数匹加入した場合、保険料の多頭割引が受けられることもあります。

ケース スタディ

こんな場合、いくらもらえる？ 日本ネコ（3歳）の場合

元気がなくなり尿の回数が増えた。受診したところ尿道結石が判明。3日間の入院と5日間の通院で、計5万1500円支払った

	アニコムの動物健保	全国ペット共済会	クラブアルプ	日本ペットオーナーズクラブ
運営母体	アニコムインターナショナル（株）	全国ペット共済会	アルプ株式会社	株式会社 日本ペットオーナーズクラブ
再保険契約	あり	あり	あり	あり　海外の保険会社（AA）
電話	0088-21-8256	03-5773-0755	0120-307-217	03-3588-1120
URL	http://www.ani-com.com/	http://www.pethoken.com/	http://www.clubalp.net/	http://www.petowner.co.jp/
加入の年齢制限	新生児～8歳11か月	生後4か月～7歳11か月	生後60日～7歳11か月 （テクテクコースは12歳まで）	生後120日～13歳11か月
入会金	3000円（アニコムクラブの入会金）	1000円	1500円	2000円
年会費	なし	なし	なし	2000円
月掛金	変動制（居住地、年齢により異なる）1550～2660円	固定制	固定制	変動制（4・8・11歳で変更） 1500～3500円
プラン 	保障内容： 通院／あり 最高20万円　1日1万円まで 入院／あり 最高20万円 1日1万円まで 手術／あり 最高20万円 1回10万円まで 死亡／なし 予防／なし （特約あり） 注：アニコムの動物健保はアニコムクラブ会員のための共済制度。まず、アニコムクラブに入る必要がある。	LIGHTプラン1900円 GOODプラン2800円 BESTプラン3700円 保障内容：定額保障型 通院／あり （1日1500～3000円） 入院／あり （1日5000～1万円） 手術／あり（1回3～6万円） 死亡／なし 予防／なし	ペットライフプラン3360円 ペットケアプラン／ オールマイティ2940円 ペットケアプラン／ シンプルベスト1575円 保障内容： てん補型（ペットライフプラン） 定額保障型（ペットケアプラン） ペットケアプラン （オールマイティ）の場合 通院／なし 入院／あり（1日3000～6000円）年間30日限度 手術／あり（1回2～4万円） 年間2回まで 死亡／なし 予防／あり（シンプルベストプランはなし）	保障内容： スタンダードプラン1500円 デラックスプラン2200円 通院／あり（1治療につき6000～1万円、年3回まで） 入院／あり（1日6000～1万2000円。年間30日限度） 手術／あり（最高6万円、種類と規定による） 死亡／あり（最高7万円） ガン（4～12万） 賠償補償／最高5000万円 飼い主見舞金／最高100万円 予防／なし
支払い例	支払い例 治療費の**50**%が払われる **51500×0.5** ＝**2万5750**円 （年間掛金 地域クラス1の場合 1550×12＝1万8600円） ※年払いの場合は11か月分	LIGHTプランの例 入院共済金 5000×3日＝1万5000円 通院共済金 1500×5日＝7500円 給付額合計 **2万2500**円 （年間掛金 1900×12＝2万2800円）	ペットライフプラン シンシアワクチンコースの例 診療実費（認定額）の**70**%が払われる **51500×0.7**＝ **3万6050**円 （年間掛金 3360×12＝4万320円）	スタンダードプランの例 入院見舞金 6000×3日＝1万8000円 通院見舞金6000円 給付額合計**2万4000**円 （年間掛金 1500×12＝1万8000円） ※参考／デラックスプランは4万6000円

注：2005年3月現在の各社資料より作成

飼い主もこれで安心！

ネコの留守番とお出かけ

ネコを飼っていると頭を悩ませるのが、家を留守にしたいとき。
特に宿泊が必要なとき、家に残していくのは、ちょっと心配なもの。
“家につく”というネコの習性を考え、お互いにとってベストな方法を考えましょう。

留守番させてみよう

2日程度ならひとりでも大丈夫！

ネコは元来単独で行動する動物なので“ひとりぼっち”に耐えられる強さをもっています。また、「不安や退屈でストレスがたまるのでは？」という心配も、1日の大半を寝て過ごすネコにとっては、さほど問題ではありません。2日間ぐらいならば、家で留守番をさせることも可能です。ただし、留守番をしてもらうには、それなりの準備が必要です。

帰宅したら留守番してくれたネコをたくさんほめ、ネコじゃらしやボールなどで、たっぷり遊んであげる。ネコにとってはそれが最大のおみやげになる。

帰ってきたとたん、ネコがじゃれてきたら、それは寂しかった気持ちの表れ。

最低、これだけは準備して

食事

部屋の中、数か所に、エサを小分けにして置く。水は安定感のある容器にたっぷり入れる。自動給餌器やタイマー付きの給餌器も便利。

トイレ

外出前にきれいに掃除をして、砂を補充しておく。いつものトイレ以外に、もうひとつ別のトイレを用意できればベスト。

室温コントロール

室温が40度以上になるとネコが脱水症状を起こすことも。真夏、閉め切った部屋の室温はそれ以上になることもあるので、換気扇を回しておいたり、エアコンで調整するなどの対策は必須。窓を少し開けた状態で施錠できるグッズもある。

いたずら、危険防止

いたずらされて困るものは、見えないところにしまうこと。また、人間用のトイレやお風呂にはフタをし、お風呂の水は抜いておく。

一緒にお出かけしよう

まずはキャリーーに慣れさせる

散歩、買いもの、病院…外出の目的は何であれ、ネコとの外出には、キャリーバッグが必須です。しかし、普段自由にしているネコが突然キャリーバッグに入れられたら、パニックを起こす恐れも。キャリーバッグになじませるためには、子ネコのころから習慣をつけておくといいでしょう。もし、成ネコになってから慣れさせる場合は、部屋の中にいつもキャリーを出しておき、自由に寝かせたり、遊ばせたりしておくと早く慣れてくれます。初めてのお出かけは近所へ。慣れてきたらいよいよ乗りものでの移動など遠出も試してみましょう。

ネコとのお出かけ必需品リスト

●キャリーバッグ
ネコのサイズにあった通気性のよいもの。

●首輪・ハーネス
迷子札を付けた首輪は必ず付ける。

●トイレ用品
トイレ砂は水に流せるペーパーサンドが便利。粗相用にキャットシーツをキャリーバッグ内に敷き、上に毛布類をおくと安心。

●キャットフード・水
食べ慣れたものがよい。水は新鮮なものを。

●ツメとぎ器
旅行の滞在先で家具などを傷付けないために、持っていこう。

●その他
新聞紙・ビニール袋・消臭スプレー・おもちゃ・グルーミング用品・粘着ローラー

どうする? こんなとき

Q.ネコの乗りもの酔いが心配

A.出発6時間前から絶食しましょう。不安なら、獣医さんに相談します。車での移動は4時間ごとに休憩を。夏は閉め切った車内にネコを残すことは危険です。

Q.ネコを連れて電車やバスに乗るには？

A.JRの場合、ネコを入れたキャリーバッグは、手回り小荷物扱いなので、手回り品切符（270円）を購入します。キャリーバッグは3辺の和が250センチ以内と制限されています。私鉄は会社によって扱いが異なるので事前に確認を。東京メトロ（地下鉄）は無料です。バスの場合は、無料のところがほとんどですが、夜間は禁止などの制限もあるので、事前にバス会社に確認してください。

Q.移動に飛行機を使いたいのですが

A.国内線は、原則として貨物室預かりです。当日、搭乗手続きのときに申し出ます。運賃はJALの場合、10キロ以内（体重＋キャリーバッグ）で東京ー札幌間が4000円です。海外へ行く場合は、動物検疫があるので、事前に十分な準備が必要です。詳しくは動物検疫所ホームページまで。各国のネコの出入国の対応は、個々にその国の大使館、領事館などに問い合わせてください。

ペットホテルとシッター

ネコを預けて出かけるときは

**ネコを長期間置いて出かける場合は、預かってくれる施設やお世話をしてくれる人が頼りです。ネコの性格なども考慮したうえで預け先をしっかりチェック！
信頼できる施設や人を選びましょう。**

専用のホテルや動物病院に預ける

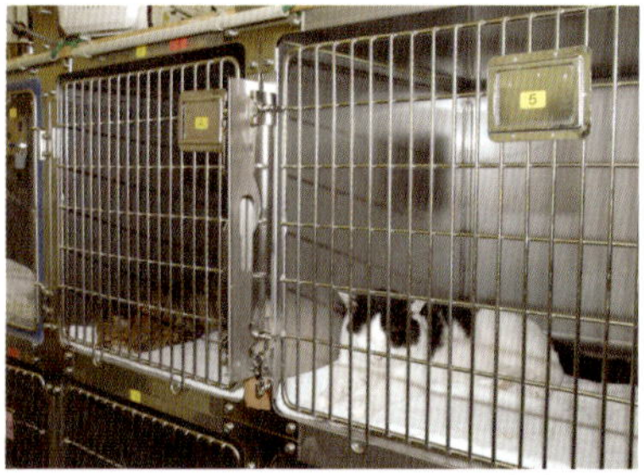

動物病院の清潔な宿泊施設。病院なら体調が悪くなったときも安心。

ネコに留守番させるのは、トイレや食事のことを考えると2泊3日が限度です。真夏や真冬などは、いくら部屋の温度を調整したとしても、1泊2日が限界。そのため、いざという場合にそなえて預け先を考えておきましょう。専門のペットホテル以外に、大きなペットショップや動物病院でも預かってくれることがあります。ただし預ける場合、飛び込みはNG！　下見は必須です。さらに、万一の病気や事故の際の保障などについても確認しておきましょう。ペットホテルなどに預けるときの相場は1泊2500～5000円です。

家で見てくれるペットシッターに預ける

お留守番のネコが、いつもの部屋でいつものような生活を送れるようにサポートしてくれるのがペットシッターです。その内容は、食事やトイレの世話を初めとしてグルーミングや遊びなど、飼い主との契約によりさまざまです。ネコは環境が変わると、非常にストレスを感じます。特に、老ネコや子ネコはダメージが大きい場合もあるので、自分の家に出向いてネコの世話をしてくれるペットシッターは、大変頼もしい存

いつも使っているタオルやふだんと変わらないエサや食器はネコを安心させる。

ペットシッターはネコの扱いに慣れている人がおすすめ。
シッターから得る「ネコ関連情報」が役立つことも多い。

在です。しかし、留守中の家のカギを預けるわけですから、信頼できる人を選ぶことが大切です。安易に頼まずに、できるだけ事前に面接してから決めましょう。

シッターの相場は3000〜4000円

世話を頼む内容やネコの数にもよりますが、基本的な世話を頼む場合、1時間3000〜4000円というのが相場のようです。時間内であればネコの世話以外に、郵便物の受け取りや鉢植えの水やりなどをしてくれるところもあります。なおペットシッターを依頼する場合は、実際にネコの様子などを見ながら打ちあわせをすることがあります。その際、打ちあわせ料金として1000円程度かかる場合があります。

預けるときに用意するもの

- ふだん食べているエサ、使っている食器、ふだん使っている毛布など
- 伝染病予防ワクチン接種の証明書
- 飼い主の連絡先
- 緊急連絡先（飼い主以外）
- かかりつけ獣医師の連絡先

良い預け先の見分け方

ペットホテル

1 ネコ用エリアが確保されている

イヌなど他の動物と一緒にされることは、ネコにとって大変なストレスになることも。ネコオンリーのスペースがあるところを選んで。

2 清潔である

動物臭がきつ過ぎるところは、換気が不十分だったり、不衛生な恐れがある。伝染病予防のためにも、清潔なところを選ぶ。

3 個室がある

各ケージが隣のケージと壁で隔てられている方が、ネコへのストレスが少ない。

4 ワクチンの確認

預ける際にワクチン接種の確認をしてくる施設は、ネコの健康管理に注意を払っていると考えられる。

ペットシッター

1 ネコの扱いに慣れている

ペットシッターよりも、ネコ専門のシッターを名乗る方がキャリアが豊富な場合が多い。ネコの扱いのプロとして訓練を受けた人が望ましい。

2 ペットショップなどに属している

フリーの場合は、トラブルが生じた場合の対応が不備なこともある。初めて頼むなら会社に所属している人の方が安心度は高い。

3 契約書がきちんとしている

世話の内容、料金、トラブルへの対応などについて明記された契約書があると安心。

4 シッター保険に加入している

家財道具の損傷など、損害賠償が発生した場合に備え、保険の確認を。

迷いネコの探し方

ネコが脱走してしまったら

室内飼いで外には興味がない素振りをしているネコでも、油断は禁物。
何かの拍子で外へ出たまま戻って来なくなることもあります。
家出や脱走の予防と対応策も、ぜひ知っておきましょう。

ベランダと玄関は要注意ポイント！

ネコが脱走する2大出口は、ベランダと玄関。日なたぼっこなど、ベランダで外気に触れさせることは健康上大切なことですが、ベランダのすき間から表へ出てしまうリスクがあります。また玄関は、開けた拍子に飛び出してしまうことも。カギのかかっていない窓を手で開けて脱走したケースもありますから、「出口」となる場所には、イラストを参考に防御策を講じましょう。

いなくなったネコは案外近所をウロウロしていることが多い。情報提供してもらうように張り紙などで呼びかけよう。

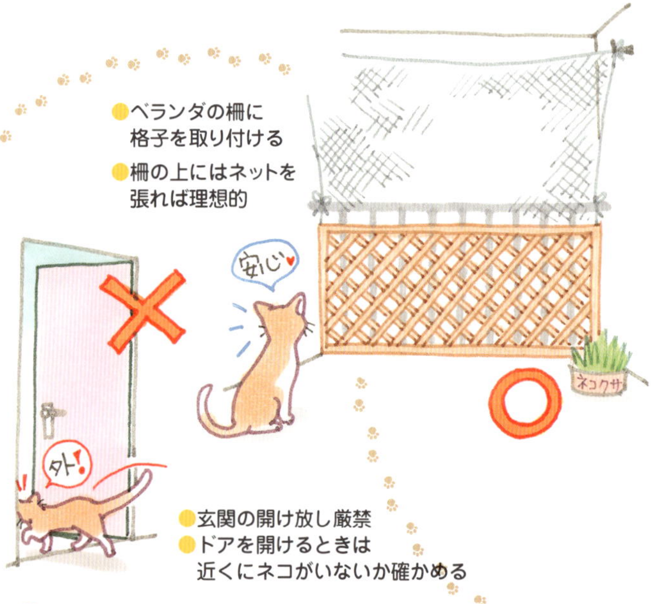

ベランダの柵に格子を取り付ける
柵の上にはネットを張れば理想的
安心♥
ネコクサ
外！
玄関の開け放し厳禁
ドアを開けるときは近くにネコがいないか確かめる

自宅を中心に半径500mを探す

ネコが行方不明になったら、あれこれ思い悩むより即、捜査活動開始！　室内飼いのネコの場合は、外の世界に自分のテリトリーがないので、そんなに遠くへ行っていないはず。いなくなって4～5日なら、近くに身を潜めている可能性があります。引っ越し直後にいなくなった場合は、元の住居に戻ろうとしている可能性もあるので、その周辺も捜してみるとよいでしょう。

発見したときは、絶対に叱らないで。ネコも不安だということを忘れずに。

迷いネコを見つけたときは？

ネコが見つかった瞬間は、飼い主ならだれしも気持ちが高ぶるでしょう。しかし、ネコは今までと大きく異なる環境で、神経質になっているかもしれません。飼い主が興奮して大声を出したりすると、ネコは怯えて逃げる可能性もあるので、まずは落ち着いて。そして、優しくゆっくり名前を呼びます。好物のおやつやそのネコの臭いの付いた毛布などを置き、ネコから近付いてくるのを待ちましょう。

行方不明なら保健所などへ連絡

保健所は、ネコの失踪届けや保護届けを受け付けているので、電話して失踪の届出をしましょう。品種・年齢・性別・特徴などを聞かれます。該当するネコを保護している情報があれば、連絡先を教えてもらうこともできます。また、交番に保護情報が入っていることもあるので一度問い合わせてみましょう。警察ではネコは「物」扱いになるので、遺失物届けを出します。無事ネコを保護したら、すぐに動物病院へ連れていき、健康状態をチェックしてもらいましょう。一見、何も変化がないようでもノミが付いたり、寄生虫に汚染されたものを食べたり、ケガをしている場合もあります。不妊手術をしていないネコの場合は妊娠している可能性も。また、発情期になると再び脱走を試みる可能性があります。子供をつくる予定がなければ手術を受けた方がよいでしょう。

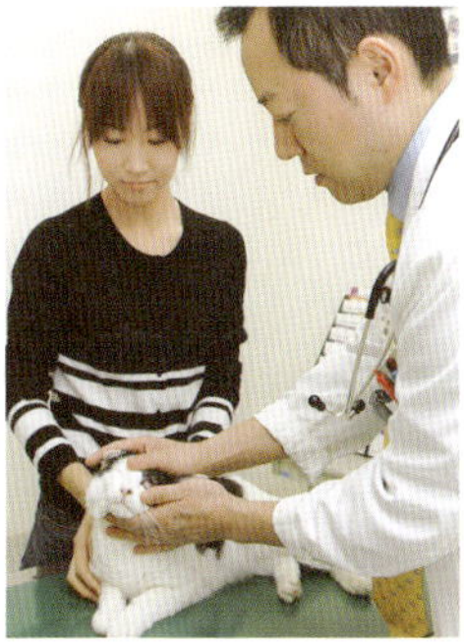

ネコが帰ってきたら、すぐに動物病院へ。

行方不明のネコを捜すときのコツ

持ち物　ネコの写真・懐中電灯・ネコの臭いの付いたタオル・ネコの好物など

- ネコの名前を呼びながら、ネコが好みそうな路地裏、空き地、公園、駐車場、ゴミ捨て場、ふだんからネコが集まっている場所（ネコの集会場）などをチェック。夜捜す場合は防犯対策を。できるなら複数人で。
- 去勢していないオスネコの場合は、近所でメスネコを飼っているお宅の周辺。
- ウォーキングなどで、近所を歩く習慣のある人に、目撃情報を聞いてみる。
- 捜す時間帯は、隠れていたネコが出てくる、深夜から朝方が狙い目。
- 張り紙、チラシで情報を募る。

ネコの埋葬と供養の方法

別れのときを迎えたら

命あるものには必ず最期のときが訪れます。
どんな最期を迎えるにせよ、飼い主なら心を込めてお別れしましょう。
きちんとしたお別れは、悲しみを癒す助けにもなります。

死ぬ前にいなくなってしまうのは悲しいこと。外に出ないようにしっかり見張っておいて。

ネコは死ぬ前にいなくなる!?

ネコが死に際を人に見せないというのは、室内飼いが少なかった昔の話です。ケガをした場合など、屋外のどこかに身を潜めて回復を待つうちに、衰弱して死んでしまうケースも多かったようです。しかし、室内飼いの場合は、飼い主に見守られながら最期を迎えることがほとんどです。

ネコが苦しんでいて、助かる見込みがない場合は、安楽死を選ぶ方法も。獣医師と相談してみて。

ネコの平均寿命は13歳くらい

飼いネコの寿命は少しずつ延び、今や13歳前後。人間では70～80歳代といったところで、獣医学の進歩やキャットフードの普及がかなり貢献しているようです。しかし、いずれはやってくる永遠のお別れの日。天寿を全うしたにせよ、事故や病気にせよ、別れは切なく辛いものです。でも、責任を持って、心を込めて葬ってあげましょう。それが、今まで一緒に暮らしたネコへの追悼になります。

4つの埋葬方法

1 自治体に依頼

自宅で看取ったネコの遺体は、各自治体の保健所や清掃局に引き取ってもらうのが一般的。火葬にされます。料金は自治体ごとに異なるので直接問い合わせてください。2000～3000円程度が平均です。なお、遺骨は引き取れません。

2 自宅の庭に埋葬

自宅に庭がありスペースが確保できるなら、土葬にすることができます。1メートル以上の穴を掘り、布でくるんだ遺体を段ボールに入れて埋めます。プラスチックケースや缶に入れると土中での分解が遅れるので避けること。踏み荒らすことのないよう、石などで墓標をたててあげるとよいでしょう。ただし、伝染病で亡くなった場合は、自治体で火葬してもらいます。

3 ペット霊園で見送る

最近は、ペット霊園に依頼する人が増えています。霊園ごとにシステムや料金が異なるので、問い合わせてから利用しましょう。ペット霊園での葬儀は火葬が基本で主に合同葬、個別葬、立ち合い葬の3通り。立ち合い葬の場合は、個別に火葬し、骨を拾うこともできます。

4 自宅で火葬

移動火葬車といって、自宅まで遺体を引き取りにきて、車中で火葬をするサービスもあります。住宅街などの場合は、火葬だけ別の場所で行うケースも。また人間と同じように、自宅に祭壇を作り、出棺、火葬、納骨を行う霊園もあります。

最愛のあの子を供養するグッズ

名前を記したり、足形を入れたフォトスタンドや、遺骨・遺毛を納めたペンダントなどがあります。いずれも、いつも近くにいてくれるような気持ちになるグッズ類です。

足形が刻印できるクリスタルペンダント。

ペットの名前と足形が入れられるフォトフレーム。

ネコへの思いをつづったエッチンググラス。

ペットロス症候群にならないために

家族同様に暮らしてきたネコの死に深い衝撃を受け、喪失感からなかなか抜け出せなくなることもあります。なかには、食欲不振や不眠、疲労感などに悩まされることも。「きちんと見送ってあげてそれを新たな人生の出発点と考えてみてはどうでしょう」と語るのは、ペットのためのセレモニーホール「ドグウッドクラブ」の石井利也さん。見送りをきちんと行うことで、喪失感を最小限に抑え、平常心を取り戻した飼い主さんは多いそうです。

写真提供／多摩川ドグウッドクラブ

お役立ち ネコ サイト

愛するネコとの生活を、よりハッピーなものにしたい…そんなあなたのために、数あるネコサイトの中から選りすぐりのものをピックアップ！　どれもネコへの愛情とお役立ち情報にあふれています。

猫とあそぼ

http://www.remus.dti.ne.jp/~jg8pcs/Neko.htm

「不幸な境遇のネコに愛の手を…」里親募集から、ネコの飼い方、病気など盛りだくさんのサイトです。

ネコの里親になりたい人は、一度のぞいてみてください。「不幸な境遇のネコ」たちがいかに多いか、私たちにできることは何かを考えさせられます。また、同サイトのネコの飼い方、病気のページは細かく、ていねいなので、初めてネコを飼う人にもわかりやすくて安心です。一通り目を通して、きちんとした知識を持っているといざというときに慌てずにすみます。

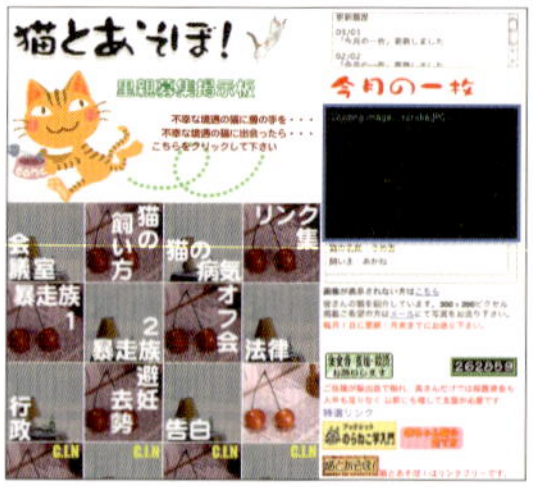

管理人　DOMON

獣医師広報板

http://www.vets.ne.jp/

ペット百科事典といえるほどの情報量。ネコ以外にもペットを飼っている人なら、ぜひ一度のぞいてみましょう。

ペットに関する質問から、動物看護師・トリマーなど動物関係職種の就職情報まで豊富なリンク集があります。獣医師によるサイトだけに、人と動物の健康・科学についての情報が充実。人畜共通感染症などについては知っておくと安心です。ペットシッター・ペットホテルリンク集は、全国をカバーしているのが心強い。近所に信頼できるペットシッターさんやホテルがあるかもしれません。

管理人　ムクムク

街のペットショップ　犬猫総合ページ

http://www.pet-clip.com/

ペットまわりすべての情報を網羅しているといっても過言ではないくらい。フレッシュなイヌネコ情報の発信地。

トップページを開いてパッと見ただけでもカラフルで「楽しそう」「面白そう」というワクワク感のあるサイト。ネットショップを中心にイヌやネコの健康相談、ペットショップ案内など実用的なコンテンツが満載です。ポストカード、メッセージカードサービス、イラスト、アニメなどもあります。コンテンツのひとつひとつが十分に楽しめるという充実感のあるサイトです。

管理人（株）クリップ

NPOねこだすけ

http://www.nekodasuke.net/

「いのちにやさしいまちづくり」を掲げて行動するNPOグループ。命の重みについて真摯に考えさせられます。

「ねこに、動物たちに、すべての人々にすてきな時代を……」とあるように、人と動物の平和で適切な関係づくりを目指すボランティア団体のサイトです。動物愛護の観点から、里親募集など、幅広い行動や提言をしています。いわゆる「地域ネコ」についての勉強会や催しも充実しています。真に人に優しい社会とは、小さな命との共生が可能な社会だとあらためて考えさせられます。

管理人　NPOねこだすけ

ANGEL'S GARDEN

http://plaza.harmonix.ne.jp/%7Eerilin/

里親募集や、小さな命を慈しみ育てるためのノウハウが豊富。子ネコの育て方のアドバイスはとても信頼できます。

もし、赤ちゃんネコに出会ったら、何はともあれ同サイトの「赤ちゃん猫の育て方」を見てみましょう。排泄からスポイトでのミルクの飲ませ方まで、お世話の仕方が手にとるようにわかります。手のひらに納まってしまうくらい小さくはかないから「手乗り～ず」と名付けられた赤ん坊ネコたち。手乗り～ずの写真は、さまざまなことを私たち人間に訴えかけているようです。

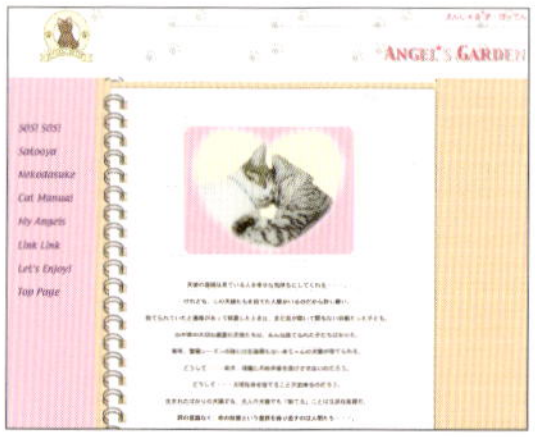

管理人　ERILIN@黒崎

PEPPY

http://www.peppynet.com/docadv/otake/

ペットに関するグッズを扱う通販サイト。グッズ販売だけでなく、ペット関連の情報もきめ細かくカバーされています。

ネコ砂やキャットフードなど消耗品からグルーミンググッズまで豊富な品揃えが自慢の通販サイト。ネコ専門カタログ「ベビイキャッツ」も出しています。ペットとの暮らしそのものをハッピーにするという趣旨で運営されているので、全国動物病院リストなど、すぐに役立つ情報が数多く掲載されています。ペットの悩みや不安など、いろいろ書き込める掲示板もあります。

管理人　西澤亮治

いつでも里親募集中！

http://www.satoya-boshu.net/

ネコの里親になりたいと思ったら、ここに立ち寄ってみて。誠実で親身なアドバイスが豊富なサイトです。

「ネコの里親になっていただくにあたって」というページには、活動方針が明記されています。それによれば、免許証など身分証明書の提示、譲り受ける際には、誓約書に記入するなど厳しいとも思える規定が並んでいます。しかし、どれも管理人さんの動物に対する情熱と愛情が背景にあるからこそと納得できるでしょう。里親になる心構えを知るためにも、のぞいてみたいサイトです。

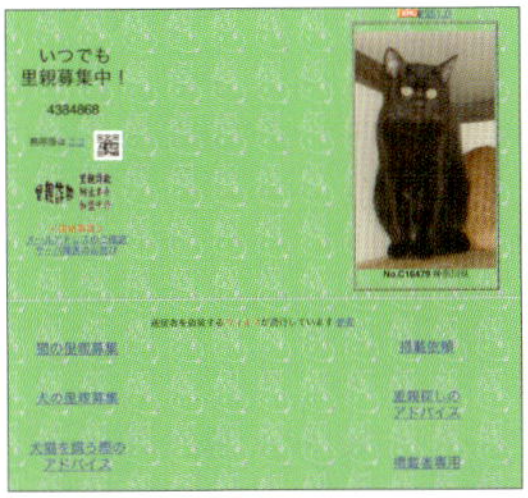

管理人　太田恵介

ネコパンチ

http://plaza.harmonix.ne.jp/~bubu/

ネコ好きなら思わず小躍りしたくなるような楽しいサイト。ネコに関する「国民調査」など魅力的なコンテンツが一杯。

思いっきり飼いネコ自慢をしたくなったら、親バカコーナーへ。飼いネコのオツムの程度を知りたくなったら「偏差値Check！」へ……という具合に、ネコ好きならではのお楽しみを堪能できるサイト。ゲームや写真館も大人気。お楽しみ系コンテンツの他に病院情報や読み物も充実していて、時間の経つのも忘れてしまいそう。

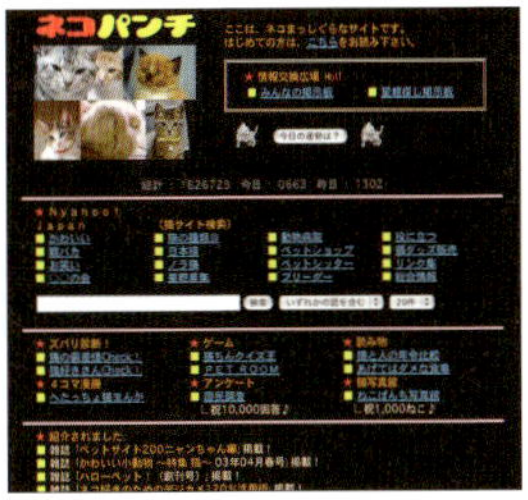

管理人　ちび太

キャットシッターなんり

http://www.catsitter.jp/cat_1/cat_si.html

「キャットシッター」という言葉をわが国で初めて使った管理人さんによる、ネコ専用シッターを紹介するサイト。

ペットホテルでなくシッターを頼みたいけど、シッターさんはどんなことをしてくれるの？　と不安な人は、こちらにアクセスを。地域が限定されてはいますが、シッターさんとの付き合い方や、料金設定などの情報が盛りだくさんなので参考になります。「キャットシッター」という言葉は、ここの商標登録だけに、ネコ専門のシッターとしてのキャリアと自信が感じられます。

管理人　南里秀子

ペットハウジング

http://www.1pethousing.com/

ペットと一緒に暮らせる賃貸住宅情報が満載。東京23区内は特に物件が豊富。それ以外の物件も扱っています。

ネコと一緒に暮らしたいけど、部屋探しがネック……という人は、まずはこちらで不動産をチェックしてみては。大家さんに内緒のこっそり飼いは、飼い主だけでなくネコにも大きなストレスがたまるはず。正々堂々（？）とネコと一緒の暮らしをエンジョイするためにも、ペットOKのお部屋を探してみましょう。「従業員全員動物好きです」という気持ちが感じられます。

役立つ！おもしろい！ネコブック

ネコ好きのあなたのために、ネコ関連の本を、幅広いジャンルからセレクトしました。実用書や写真集から、なんと歌集や哲学エッセイまで揃っています。いずれもネコがもっと好きになる必読の一冊です。

しろねこしろちゃん

森　佐智子著
MAYA　MAXX絵
福音館書店

「真っ黒なお母さんネコから真っ白なネコ、しろちゃんが生まれました。兄弟も黒いのにどうして自分だけ？　黒くしようと汚してもお母さんがなめてきれいにしてくれます。そこで、とうとう家出することに」50年前の「母の友」に掲載された話がMAYA　MAXXさんの絵でよみがえった。子どもだけでなく大人も楽しめる絵本。

やっぱり私はネコが好き

週刊朝日編
朝日新聞社

「週刊朝日」の人気投稿欄、「犬ばか猫ばかペットばか」で掲載された中から、猫だけをまとめた「わが家の猫自慢」99編。きまぐれ、わがまま、人になつかない…そんなネコのイメージを払拭させる、かわいくて健気なエピソードが、写真とともに満載。ネコの愛くるしい姿に、ちょっと笑ったり、つい涙ぐんだりしてしまいそう。

ヒトに伝《う》染《つ》るペットの病気

兼島　孝著
実業之日本社

ペットから伝染する病気について正しく理解することは、ペットと上手に付き合うためには欠かせないこと。ネコをパートナーとする人なら、トキソプラズマをはじめ、Q熱、ネコひっかき病などの症例、予防法や治療などを知っておけば安心。本文は読みやすい構成で、ネコ以外のページやコラムも参考になる。

Cat Trip 世界の旅ネコ編

新美敬子著・撮影
ジュピターユキ（占い）
ぴあ

馬の背中の上で、高層アパートの屋根の上で、看板の下にもぐり込んで、くつろいでいるネコたち。「Cat Trip」は、こんな珍しいシーンや、おもわず笑ってしまうポーズが満載の「ネコの写真集」。写真に付けられたコピーもしゃれている。「どの写真が印象に残ったか」で運勢をみる占い付き。何通りにも楽しめる納得の一冊。

猫は殺しをかぎつける

リリアン・J・ブラウン著
羽田詩津子訳
ハヤカワ文庫

ブラウンがネコ好きにささげたミステリー「シャム猫ココシリーズ」の第一弾。新聞記者クィラランは昔の恋人に再会。彼女は結婚し、陶芸家として活躍していた。しかし、まもなく行方知れずに。夫婦げんかが原因と思われたが、過去にいまわしい事件があった邸で、次々と起こる怪事件…。シャム猫ココが掘り起こす真相とは…。

猫とみれんと

寒川猫持著
文藝春秋

歌人、寒川猫持氏は、昭和28年生まれ、バツイチの眼科医。「猫とみれんと」は、そんな寒川猫持氏の歌集である。愛するネコ、にゃん吉との交流や、別れた恋女房に対する追憶など、中年男の哀歓をユーモラスに詠っている。短歌ってこんなにおもしろいものだったの！　と驚くはず。山本夏彦氏も絶賛。

ペットがよろこぶヘルシーごはん 猫デリ レシピ

パティー・デルモンテ著
アン・デイビス画
もとしたいづみ訳／高崎一哉監修
マーブルトロン発行／中央公論新社発売

お留守番のごほうびに、愛ネコの誕生日に、特別メニューを作ってあげたい…こんなときに役立つのが「猫デリ　レシピ」。簡単にできて、ネコが大喜びするプレート50品を紹介している。「一緒にごはん」では、人間の料理をアレンジするだけでOKのメニューも掲載。イラストもとってもキュート。早速、作ってみてはどうだろうか？

フォックス先生の猫マッサージ

マイケル・W・フォックス著
山田 雅久訳
洋泉社

ペットの健康を維持する方法としてマッサージが有効という博士の説は、説得力大。動物においてもクスリ中心の医療だけでなく、精神的なケアも含めた「手当て」が必要なことがわかる。マッサージの方法は、写真やイラストでわかりやすく示されている。ネコの心地よさを見てとることは飼い主にとっても快楽になる。

ソクラテスになった猫

左近司祥子著
勉誠出版

哲学者の左近司祥子教授は、41匹のネコと同居するほどのネコ好き。そんな先生が、愛するネコとの暮らしの中から体験した、さまざまなエピソードをもとに、人間の生き方を深く、鋭く考察していく。教授と、群れずに自由に生きるネコたちが、悩み多きあなたに教える「本当の自分が見つかる」哲学エッセイ。

ヘミングウェイが愛した6本指の猫たち

外崎久雄撮影
斉藤道子著
インターワーク出版

ヘミングウェイのネコたちは、珍しい6本指をもつネコとして知られている。このネコたちは、ヘミングウェイがかつて住んでいたアメリカ最南端島キーウエストの屋敷で、宝物のように大切に守られ、いまもその子孫が50匹ほど、自由にのびのびと過ごしている。本書は、そんな珍しいネコたちをとらえた写真集。

便利＆おしゃれ

話題の店の一押しグッズ

ネコとの生活を快適にするために、毎日使うトイレや食器、首輪、キャリーバッグなどにはこだわりたいもの。話題のショップがすすめるおしゃれで便利なグッズが大集合です！

TOMARCTUS

アメリカ各地のメーカーやデザイナーから直輸入。実用的でハイセンスなグッズが揃っています。店内には常時300種類以上のアイテムが並んでいます。インターネット販売も充実。

キティフーツクラッカー（左：ネズミ・右：ヘビ）

オーガニック（有機栽培）キャットニップハーブの入ったネコ用のオモチャ。ナチュラルなキャットニップハーブは、マタタビの成分とよく似ているので、ネコが夢中になること間違いなし。

レトロ ダイナーセット（ホワイト）

取り外し可能なステンレス製のフードボウル（2個セット）と、レトロ感のあるフレームがセットになった食器。底の部分には、滑り止めのゴムが付いている。

ジュエリーカラー

上からゴールド、ピンク、ホワイトのレザーを使った首輪には、キラキラと光るラインストーンが散りばめられている。ゴージャスな雰囲気が人気。

セルティーキャリーバッグ（メッセンジャータイプ）

ショルダー部分の長さが調整でき、体へのフィット感がよい。また両手が自由になるので、自転車やバイクなどでの移動にも便利。

DATA

住 〒153-0051 東京都目黒区上目黒1-4-3エクセル中目黒101
☎ 03-3791-8859
営 12:00～21:00　土日祝 ～20:00
休 不定休
URL　http://www.tomarctus.net/

ペットランド青い鳥

イヌやネコの洋服専門店。季節に合わせたラインナップはペットの洋服とは思えないほど。バーバリーなどの高級ブランドから普段着まで豊富に揃っています。ネット販売もしています。

ちゃんちゃんこ

とても暖かそうなちゃんちゃんこは、冬の寒い時期にもってこい。サイズは7種類。

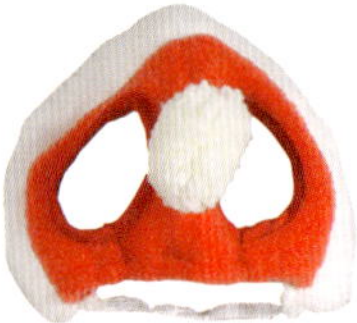

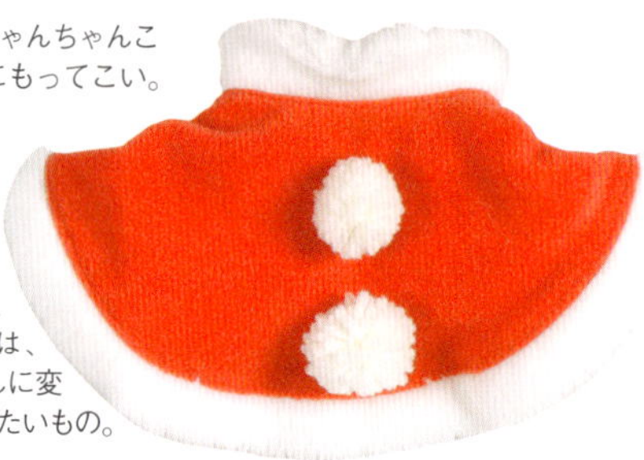

サンタさん

まさに季節のイベント、サンタさんの衣装。クリスマスには、愛ネコをサンタさんに変身させて盛り上がりたいもの。

パーカー

かぶりタイプのパーカーは、トレーナー素材でとても着心地がよさそう。カジュアルな洋服なので普段使いに。サイズは3種類。

DATA

住 〒569-0827 大阪府高槻市如是町20-2
☎ 072-693-7009
営 10:00-20:00
休 定休日：木曜日
URL　http://www.aoitori.com/

DOG&CAT JOKER 二子玉川店

イヌとネコ関連のグッズを扱う大型専門店。広いスペースにキャットフード、トイレの砂、消臭スプレーなど、あらゆる日常グッズが並びます。もちろんインポートものなどのおしゃれなグッズも多数揃っています。

DATA
住 〒158-0095　東京都世田谷区瀬田2-32-14　玉川高島屋S・Cガーデンアイランド A棟B1
☎ 03-3707-4112
営 10:00-20:00
休 年中無休（ただし1年に2回休みあり）
URL　http://www.joker.co.jp/futago/futago.htm

ビターアップル

リンゴから抽出した苦味成分が含まれているので、ネコが噛んだり、なめたりして困るところにシュッとひと吹きしておけば、防ぐことができる。いたずら好きなネコにおすすめ。

オレンジエックス

唾液で汚れた食器などのヌルヌルを一瞬で取ってしまう、オレンジ配合の洗浄剤。香りもいい。

魚型　爪とぎ

かわいい魚型の爪とぎは、横幅が通常の爪とぎよりも広いので大型のネコにもおすすめ。マタタビ付き。

ジョージ 駒沢店

アメリカに本店をもつ“ジョージ”が、駒沢公園の近くに2001年春、芦屋店に続きオープンしました。ジョージのアイテムを中心に、豊富にとり揃えたハイセンスなイヌやネコのグッズが壮観です。

DATA
住 〒158-0081
東京都世田谷区深沢6-7-9
☎ 03-5752-5353
営 12:00-20:00　土日11:00-19:00
休 年末年始のみ
（祝日の場合は営業11:00-19:00）
URL　http://www.georgejp.com/

サボテン（下）はフェルト素材、ボール（上）はウール素材、フロッグ（右下）はコットン素材。おしゃれなおもちゃならネコだってきっと喜ぶはず！

ストリンギーキャットトーイ

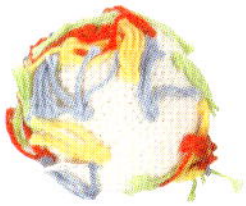

ストライプキャットフィーディングマット

ビニール製のマットは、エサなどをこぼしてしまったときも簡単にふき取ることが可能。またビビッドカラーのイエローが食事スペースを明るく演出。モダンなデザインはインポートものならでは。

キャットボウル

安定性があり、傷が付きにくい磁器製のボウル。Catの文字が浮き彫りになっている。中は深さ3センチと浅いので子ネコにもピッタリ。

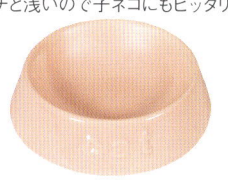

フロッグキャットニップトーイ

サボテンキャットニップトーイ

C&P オーガニックスフィラン オーガニックキャットトリート

70%のオーガニック素材を使ったキャットフードとおやつ。1980年代から研究を重ねて、やっと完成したとか。

BIRDIE And b.c.d.

And b.c.d. shop & galleryは、代官山にあるBIRDIEの直営店。西郷山公園近くの閑静な住宅街にあり、ペット同伴可です。1Fは首輪やリード、キャリーバッグなどが揃い、2Fはイヌやネコをモチーフにしたアーティストの作品の展示やイベントなどを開催しています。

DATA

住 〒158-0042
東京都目黒区青葉台2-1-8
☎ 03-5458-8784
営 11：30〜19：00
休 年中無休
※但し月曜日が祝日の場合は営業
URL　http://www.andbcd.com/

フェルトおもちゃ

やさしい触り心地のフェルト生地で作られているネコ用のおもちゃ。鈴も付いているので、振るだけで、ネコがじゃれてくる。飾っておいてもおしゃれ。

コルビジェキャリーバッグ

側面の4つの窓には、イタリア製カモフラージュメッシュを使用。これはメッシュ表面に小さなプラスティックチップを張ったもので、外側からは内側が見えないが、内側からは外が見え、しかも通気性抜群というバッグ。

レザー首輪

ブルーとグリーンのレザー首輪は、ビビッド感あふれるさわやかな印象。グリーンの首輪には3つの鈴、ブルーの首輪にはハート型のストーン付き。

ギンガムハーネスベスト&リード

ベスト（左）は胸周りをしっかり固定し、前足を通してから背中の合わせをマジックテープでとめる。リード（右）もお揃いのギンガムチェックでおしゃれ度UP。

On Line Shopping

ヤマペット

イヌ、ネコの介護用具を専門に取り扱う「ヤマペット」。ペットが事故などで障害をもってしまったり、老齢になったときも最後までしっかり面倒をみてあげたいもの。どんな場合にも対応できる用具が揃っています。

肩掛けポーチ

老齢になり、歩行困難になったネコを入れる肩掛ポーチ。飼い主と一緒に行動できるように開発されたもの。手足は自由になり、水洗いもOK。

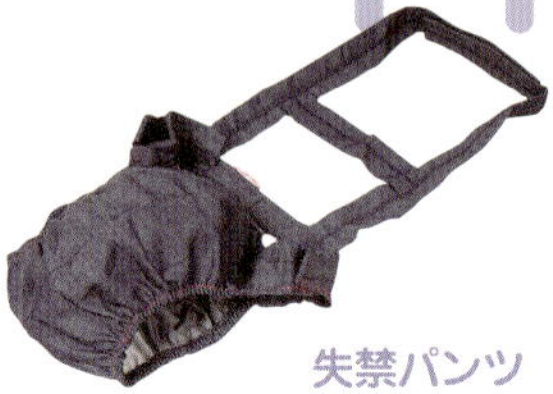

失禁パンツ

排尿機能に障害を持ったネコ用に米国で開発された専用パンツ。首や尻部に合わせてファスナーで調整でき、しっぽは穴から外へ出せるようになっている。

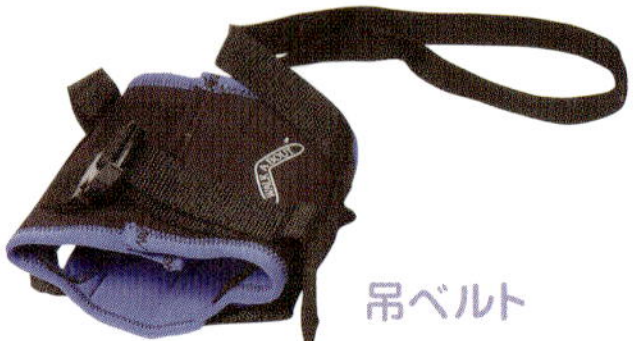

吊ベルト

足の機能が低下したネコの訓練用に、米国の獣医看護師が長年の経験に基づき設計し、それを基に製作。

保護ブーツ

米国の専門獣医師が傷害足を持ったネコ用に開発した足の保護のための本格的なブーツ。裏地は柔らかい素材、表地には防水性の厚みのあるクッション材を使って保護性を高めている。

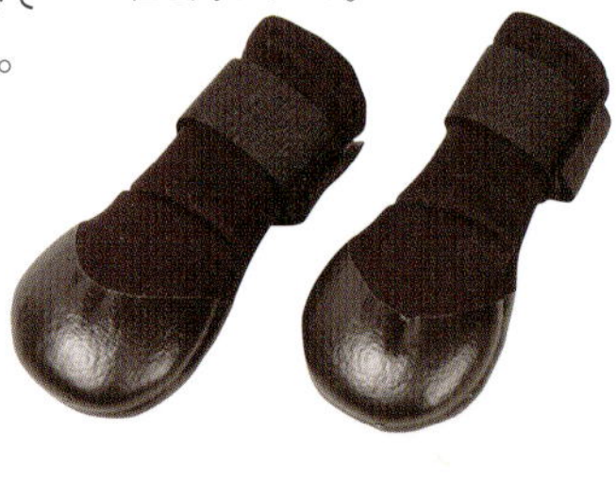

添え木

足を負傷して歩行が困難になったネコの脚を補助する「添え木」。本体はプラスチックで、皮膚と接する内側はクッション性のある素材。使用途中で外れないように、マジックテープ3箇所で固定できる。

http://www.mediawars.ne.jp/~yamapet/

申し込み方法
yamapet@mediawars.ne.jp
※メールにてお問い合わせください。
※治療用として使用する際は、獣医師に相談を。

シュワンツ

ペットの日常グッズはもちろんのこと、アニマル型のコサージュやバッグ、携帯ストラップ、羊の毛で作ったアクセサリーなど、他ではみられないオリジナル商品が揃っています。インポートのブローチや食器もあります。

http://www.schwanz.co.jp/

申し込み方法　注文ホーム・電話・FAX・メールなど
支払い方法　各種クレジットカード・代引き（佐川急便）・銀行振込
問い合わせ
0475-70-2466
受付時間　9：00～15：00
mailadm@schwanz.co.jp

ネコのアクセサリートレイ

自分のアクセサリーなどを入れておくのにちょうどいいトレイ。オレンジのトレイ部分はフェルト素材、ネコは羊毛・アルパカでできている。

クリスタルチョーカー

ひもの部分がゴム製になっている便利なクリスタルチョーカー。とても装着しやすい。

キラキラと光るクリスタルは人気商品。簡単に装着できるので便利。

しっかりバスマット

横に付いているひもを縛れば巾着になるので、シャワー後に入れておいたり、ケガをしたときに包んであげられる便利なタオル。4つの端がすべてポケットになっているので、そこに手を入れて拭けば体がきれいに拭ける。

GANKO HOMPO

長持ちしないもの、環境汚染を招くもの、機能の優れていないもの、美しくないものは絶対に作らないをコンセプトにしているGANKO HOMPO。特にこの消臭スプレーは自然のもので体に害のないものなのに、効果は抜群。ペットを飼っていると避けられない“臭い”の問題をあっという間に解決してくれます。

http://www.gankohompo.com/index.html

申し込み方法　注文ホーム・電話・FAX・メールなど
支払い方法　代引き（ヤマト運輸・佐川急便）・銀行振込
問い合わせ
0120-082-369（フリーダイヤル）
受付時間　月・火・木・金
11:00～17:00
info@gankohompo.com

詰め替え用。（500㎖）

電解イオン水ONEシリーズ：ペットにワン

電解イオン水を使った消臭スプレーなので、ネコにそのままかけてしまってもまったく問題なし。トイレの後やトイレの周りに吹きかければ、あっという間に臭いが消える。また、除菌効果もある。（200㎖）

電解イオン水ONEシリーズ：バッグにワン

バッグの中に忍ばせておけば、いつ、どんなときでも消臭できる。ネコと一緒にお出かけのときに。便座の除菌など、人間に使ってもOK。詳しい説明書付き。（50㎖）

ペット良品宅配便

ペットのグッズなら何でも揃う、オンラインペット総合ショップ。首輪、食器、トイレ、エサ、砂などの日常雑貨からネコ関連の書籍やCD、健康管理グッズまで、あらゆるものがネットで手軽に購入できます。

UNITED PETS
クリーニングローラー

通常の粘着クリーナーをよりスタイリッシュに進化させた、おしゃれなクリーナー。グリップは手にフィットし握りやすく、力を入れなくても楽に抜け毛やゴミを取ることができる。

UNITED PETS
フードストッカー

ステファノ・ジョバノーニがデザインした、かわいいニャンコの形をしたフードストッカー。顔の部分がフタ、しっぽの部分は少し大きめのスプーンになっている。

RCブラシ

本体を左右にひねるとブラシの歯の部分が本体にスッポリと格納され、あとにはブラシにからみついた毛だけが残り、簡単に取り除くことができる。

ソフトバッグ（ゼブラ）

おしゃれなゼブラ柄はペットとのお出かけを楽しく演出してくれるはず。持ち運びに適した軽量素材のバッグで、撥水加工が施されているので、お出かけ中の突然の雨にもバッチリ対応。

http://www.petoffice.co.jp/takuhai/

申し込み方法　注文ホーム
支払い方法　各種クレジットカード・代引き（佐川急便）・銀行振込・郵便振替・コンビニエンス決済など
問い合わせ
0120-797412（フリーダイヤル）
受付時間　平日11:00～19:00

ネコの首輪工房

※P150～151「ネコグッズを作ろう！」に掲載しています。

すべてハンドメイド商品で、工房直売なので全品900円以下と良心的。作りもしっかりしているので、この値段設定にはびっくりさせられるかもしれません。基本パターンは5種類、柄は300種類以上揃っています。

やわらか首輪（着物柄）

最近人気のある着物の生地を使った和風首輪。古風でありながら、着物独特の鮮やかな柄がとても新鮮。

やわらか首輪（チェック柄）

ピンクの地にオレンジのチェックが映える定番商品。シンプルな柄だが、ビビッドな色合いが人気。

やわらか首輪（花柄）

ベージュにピンクの花柄模様はシックで少し大人っぽい雰囲気。グレー系の毛のネコに合いそう。

http://www.maomida.co.jp/

申し込み方法　注文ホームもしくはFAX
支払い方法　代引き（郵便）・先払い（郵便振替・銀行振込）

A.P.D.C

A.P.D.C.はアフロディジアプロダクト ドック アンド キャットの略でつけられた名前。ペットと人間は「同じ世界で共存している同じ仲間、兄弟、家族である」との考えから、商品の質も「すべて人間と同じに」がコンセプト。80％以上は海外から買い付けています。

キティミトン

大きなボンボン（鈴入り）が付いたミトンを人間の手にはめてネコと一緒に遊ぶタイプのおもちゃ。不規則な動きはネコも大喜び。ミトンはコットン製。

スイングバッグ

バブルバディでおなじみのHAPPY DOG社のおもちゃ。一見普通の紙袋に見えるが、ボタンを押すと、まるで紙袋の中に何かがいるようにブルブルと震えだす。

スクープボウル（S・M・Lサイズ）

後ろのゴムが滑り止めになっているので食べているときにずれたりしない。また、プラスチック製なのでお手入れも簡単。

メッシュポケットバッグ

大きいネコを入れるのに最適なバッグ。しっかりと固定でき、体重を分散してくれるので、持っているオーナーの負担を軽減してくれる。メッシュなので通気性も抜群。

http://www.apdc.jp

申し込み方法　注文ホーム
支払い方法　各種クレジットカード・代引き（佐川急便）・銀行振込

PET HEART STATION

ネコやイヌの日用品なら何でも揃う総合サイト。特にキャットフードは充実しています。新しい商品がどんどん入荷するので、いつ見ても楽しめます。通信販売もあるので、一度にたくさんの商品を見たいという方は、カタログを取り寄せてみては。

http://www.petheart.co.jp/

申し込み方法　注文ホーム・e-mail・FAX・電話
支払い方法　代引き（佐川急便）
問い合わせ
0120-125-372（フリーダイヤル）
受付時間
月～土　10:00～19:00
order@petheart.co.jp
FAX 0120-135-372

自動給餌器　ごはん君

6・12・24時間ごとに作動するようにスイッチを合わせるだけで、その時間にエサを与えてくれる優れもの。1日中留守にするときなどに重宝するはず。簡単に利用できるシンプルな操作性がなにより。丸ごと水洗いOK。

丸型ツメ磨き

丸型なので横幅があり、主流になっている棒状の爪とぎよりも役に立つ。大型のネコにもおすすめしたいサイズ。マタタビの粉付き。

陶器フードボウル

ネコの絵が描かれているフードボウル。実用的でしかもかわいい。人気のシリーズ。

column.7

ネコの上手な撮影方法

ベストショットを逃さないための基本！

ふだんから手近な場所にカメラをおいておこう!!

あ〜、今のポーズかわいい！

…と思っても、カメラを取りに行っているうちネコは動いてしまいリクエストしても２度とあのポーズには戻ってくれないのです

瞬間をのがさないで

コツ1. ピントは目に合わせる！

ネコの表情は「目」にあり！

コツ2. カオを向かせるには？

ネコじゃらし棒や音を使って！

何頭かいるネコもいっせいにカメラ目線に！

フラッシュ撮影で目が光ってしまうとき！

せっかく可愛く撮れたハズなのに…写真の目は赤や真緑色になってしまっていた！

コレは暗くてネコの瞳孔が開いているところに光が入って反射してしまうため

対策は！

部屋を明るくして手ぶれに気をつけストロボなしで

or

正面から撮らない

付録

ネコグッズを作ろう!

カンタン
かわいい

ネコ首輪

ネコ階段＆
ネコロード

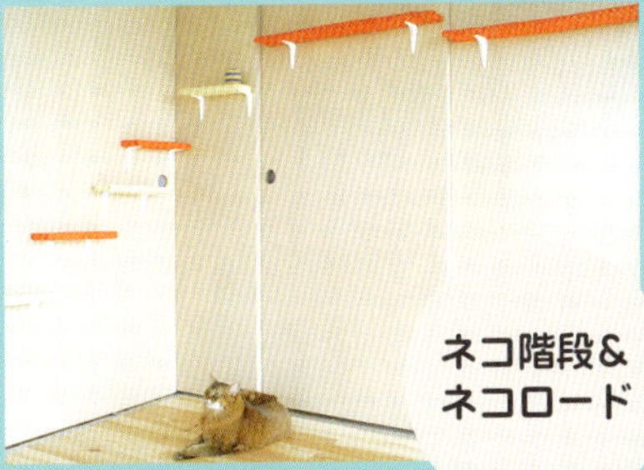

ネコベッド

ジャングル
ジム

これだけは
知っておきたい!

DIY豆知識

ノコギリの使い方

（ネコ階段＆ネコロード・
ネコベッド・
ジャングルジムで使用）

ノコギリは板に斜めにあて、しっかり押さえて、引くときに力を入れる。

★板をノコギリでカットするのが心配な人は、ホームセンターなどに持っていけば、1カット約50円（お店によって値段は違う）でカットしてくれる。

ドライバーの使い方

（ネコ階段&ネコロード・
ネコベッド・
ジャングルジムで使用）

ドライバーには、サイズがいくつかあるので、ネジの大きさとドライバーの先のサイズが合うものを使用する。大きさが合わないと、ネジは回らない。

タッカーの使い方

（ネコ階段&ネコロード・
ジャングルジムで使用）

タッカーは、ホチキス芯と同じ形をした「金属」を打ち込み、レザーや布などを固定するもの。タッカーの先を、固定しようとする部材と隙間が空かないように密着させ、レバーを強く握る。「パチン」と音がしたらレバーをゆるめる。

制作費用
500円

制作時間
約2時間

リボンで作る
ネコ首輪

ペットショップで
なかなかお気に入りのものが見付からないときは、
リボンを購入し、自分で作ってしまいましょう。
簡単過ぎてビックリしますよ！

材料

- リボン
- ベースのナイロンテープ（リボンと同じ幅）
- バックル
- Dカン
- 縫い糸

1 ネコの首にリボンを巻き、ぴったり合う長さ（仕上がりサイズ）を決める。ベースのナイロンテープは仕上がりの首輪の長さ＋20㎜にカット。リボンは仕上がりの長さ＋40㎜にカットする。

POINT
ベースのナイロンテープのほつれが気になるときは、ライターの火で一瞬あぶるときれいになる。

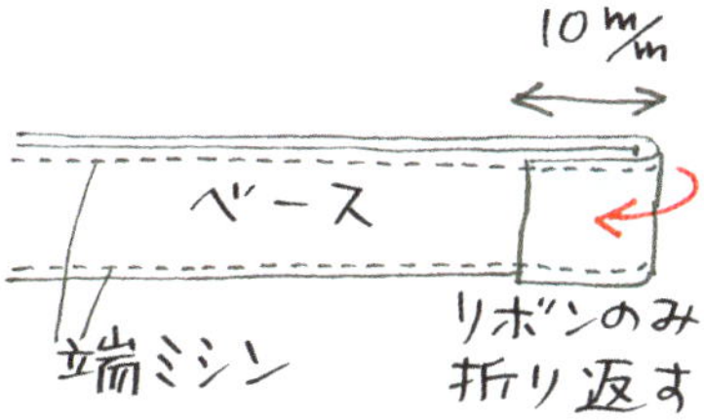

2 ベースのナイロンテープとリボンを重ねて、リボンの端を10㎜折り返してから、外側ギリギリにミシンをかけていく。

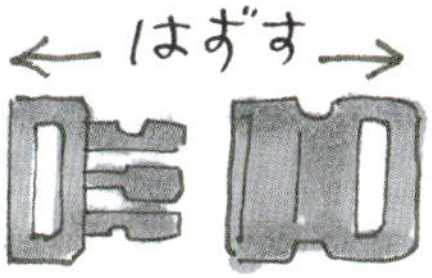

3 リボンの幅に合わせたバックルの一方の穴にリボンを通して、15㎜折り返し、ミシンで縫い合わせる。

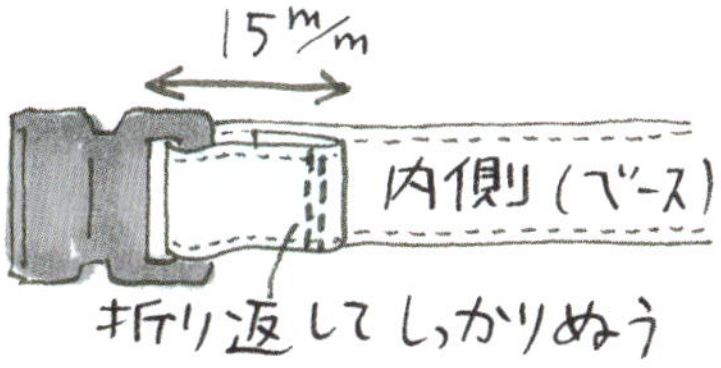

4 もう一方には、Dカン、バックルを通してから15㎜折り返して、しっかりとミシンで縫う。

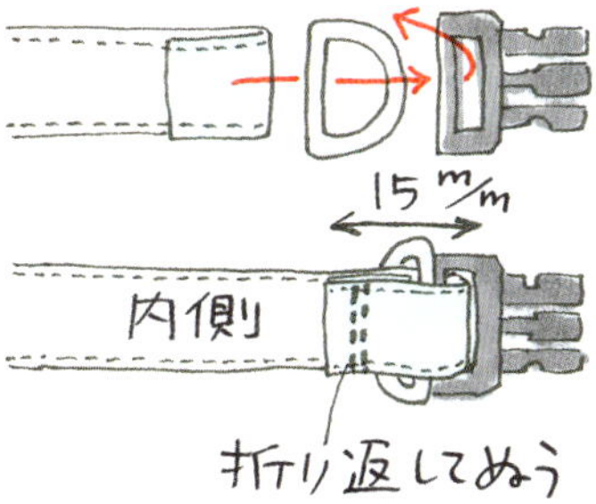

基本は首輪と同じ

リードも作ってみよう！

❶ベースのナイロンテープは理想のリードの長さ＋130㎜に、リボンの長さは理想のリードの長さ＋150㎜にカットする。

❷リボンとベースのナイロンテープを重ねて、リボンの端を10㎜折り返して、外側ギリギリにミシンをかける。

❸②の一方の端にジョイントパーツを通し、20㎜折り返してしっかりとミシンで縫う。

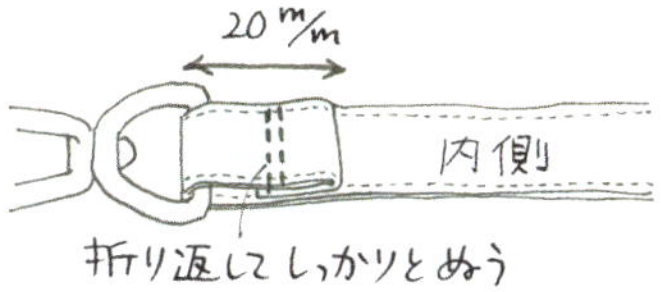

❹③のもう一方の端を150㎜折り返して、ミシンでしっかりと縫う。ここが持ち手になる。ジョイントパーツを首輪のDカンに付けて利用する。

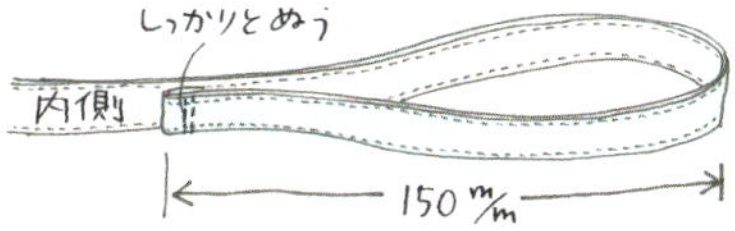

注意！
- 手作りの首輪とリードは、安全のために飼い主の目の届くところで使用すること。
- リードや首輪は強く引っぱったりしないこと。
- 破損箇所が目立ってきたら、早めに使用を中止する。

制作・制作指導
猫の首輪工房
http：//www.maomida.co.jp/

制作費用
5000円

制作時間
約**2**時間半

壁に取り付ける

ネコ階段&ネコロード

リフォーム可のマンションや持ち家の方におすすめしたいネコ階段とネコロード。壁に板を打ち付けるので、壁の素材や作りによって使用するビスも変わってきます。ネコが喜ぶ遊び場を手作りしてみませんか?

材料

- ホワイトウッド（1820㎜×150㎜×18㎜）2本
- L型棚受（15㎝）14個
- ビス約90本
- 布（90㎝×2ｍ）を色違いで2枚

ネコ階段を作る

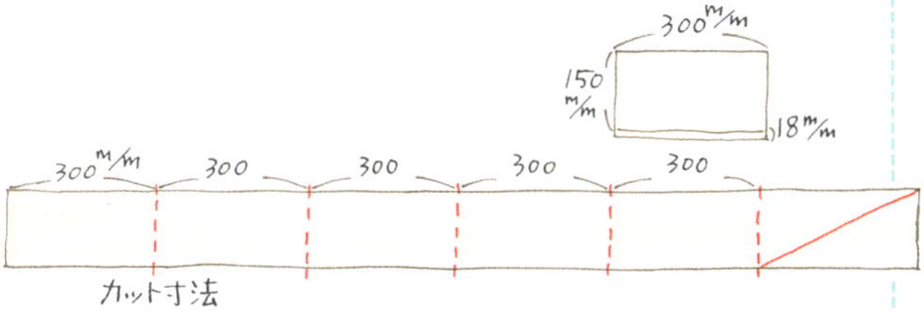

1 ホワイトウッドを横300mmに5枚カットする。

※この板のサイズは小さいネコ用。大きいネコの場合はその子に合わせて幅を広くする（目安：200〜300mm）。

2 布を各500mm×350mmにカットし、板を中央に置く。布で板をきれいに包み、タッカーで四方を留める。

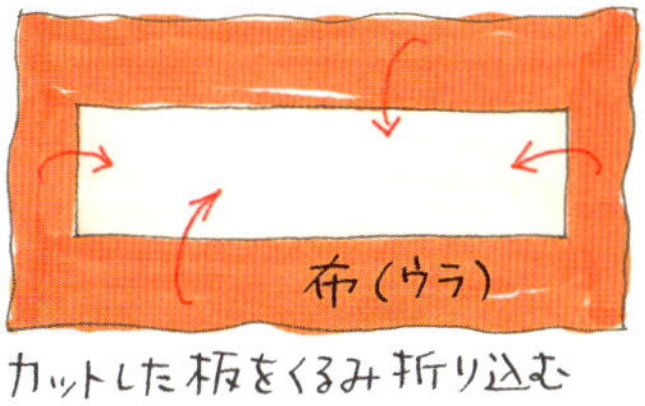

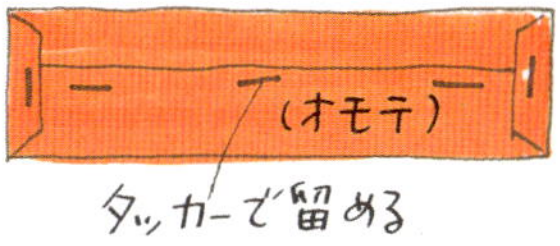

3 2の板の裏側にL型棚受を上下2か所ビスで付ける。

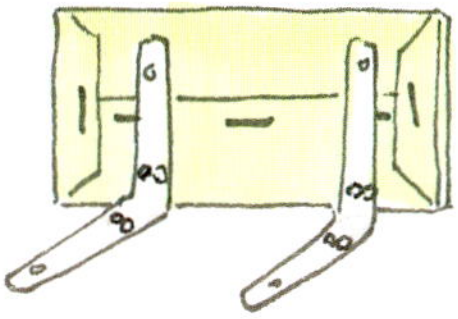

4 板を表向きにして壁にビスでL型棚受を取り付ける。

ネコロードを作る

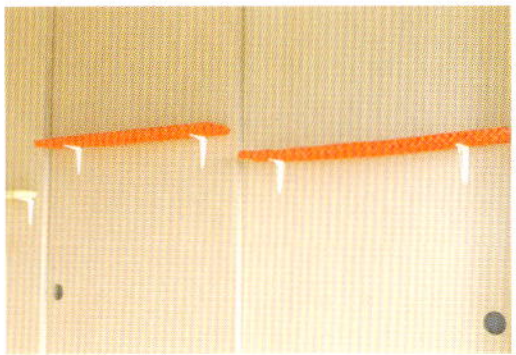

1 ホワイトウッドを横600mmに2枚カットする。

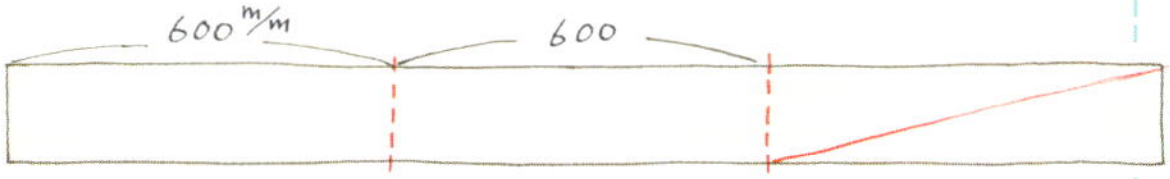

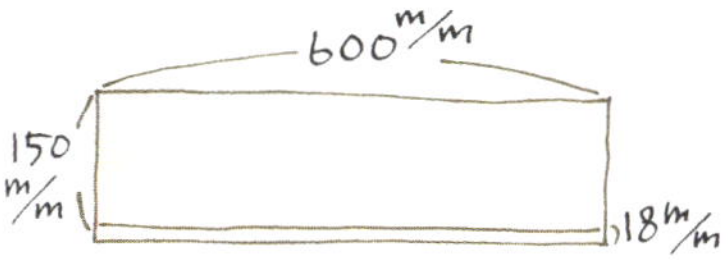

2 布を各800mm×350mmにカットする。**1**の板を布の中央に置いてきれいに包み、タッカーで留める。（ネコ階段のイラスト参照）

3 2の板の裏側にL型棚受を左右2か所、ビスで取り付ける。ネコロードの場合は、板が長いので3か所L型棚受を取り付けてもよい。

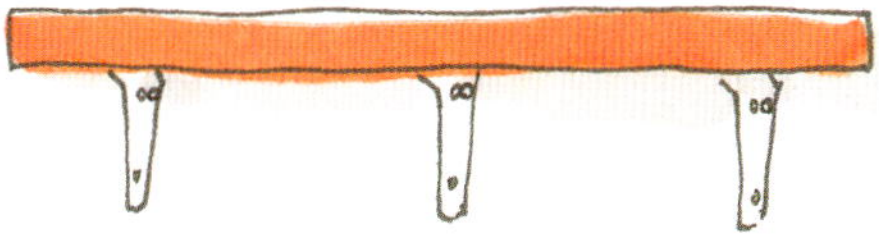

4 板を表向きにして壁にビスでL型棚受を取り付ける。

POINT

壁がコンクリート壁の場合は、コンクリートプラグ+コンクリートビスで固定する。また、壁の内側に角材が通っていない中空壁のときは、中空壁専用のビスで固定する。また、ビスは多めに用意しておくと便利。本書でも「材料」にあるビスの本数は多めに記してある。

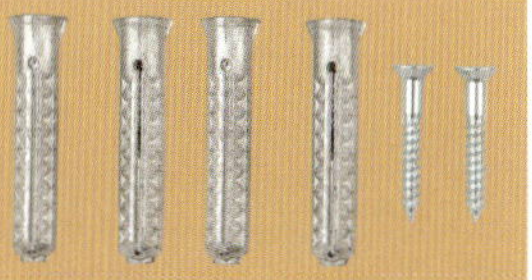

制作・制作指導
(社)日本DIY協会
DIYアドバイザー 吉村美紀
（P152〜157）

寝心地抜群！

ネコベッド

ネコは案外気難し屋さんなので、
ベッドのサイズやマットのふかふか感など、
気に入らないと寝てくれないことも。
ダンボール箱でお気に入りのサイズを確認したり、
どのマットが好きか、事前に試してから
ベッドを作ってみましょう。

制作費用 2400円

制作時間 約2時間

材料

- ホワイトウッド（1820mm×150mm×18mm）3本
- ビス約40本
- 角棒（14mm角）2本

1 ホワイトウッドを500mm 6枚、300mm 4枚にカットする。

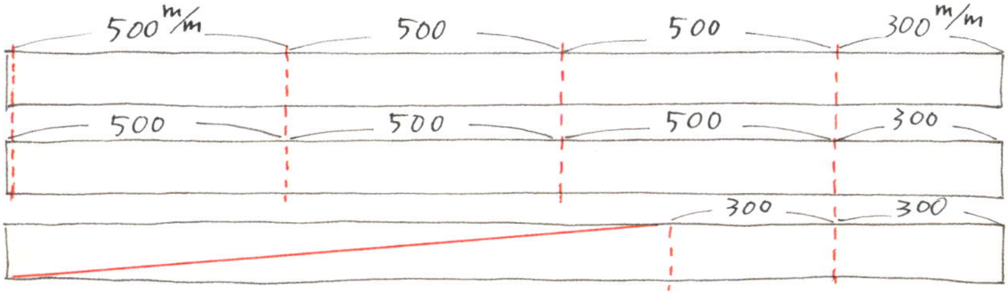

2 長さ300mmの板2枚の上に500mmの板を3枚のせ、コの字型に固定する。固定するとき板と板のすき間を少しあけて、風通しをよくすること。固定は上からビスで12か所程度止める。

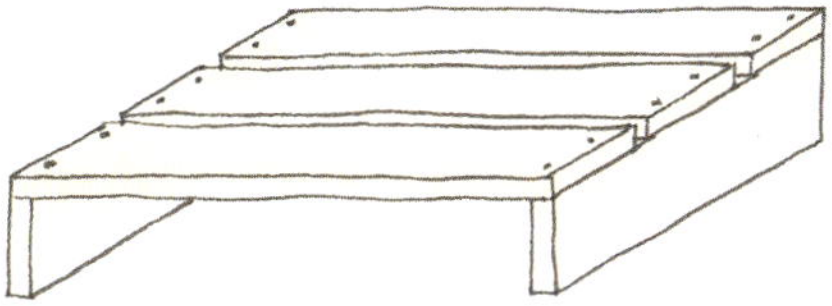

3 2をひっくり返し、後側と前側に500mmの板をそれぞれビスで止めて固定する。

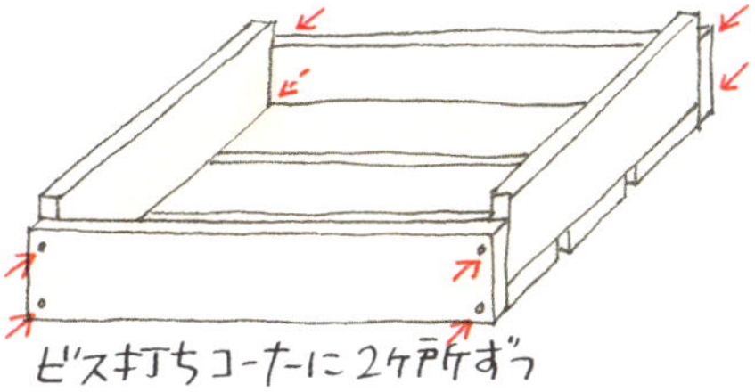

4 300mmの板2枚の上に500mmの板を1枚のせ、コの字型に固定する。

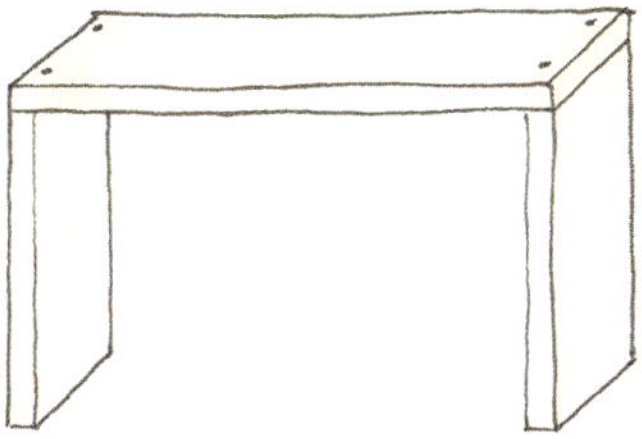

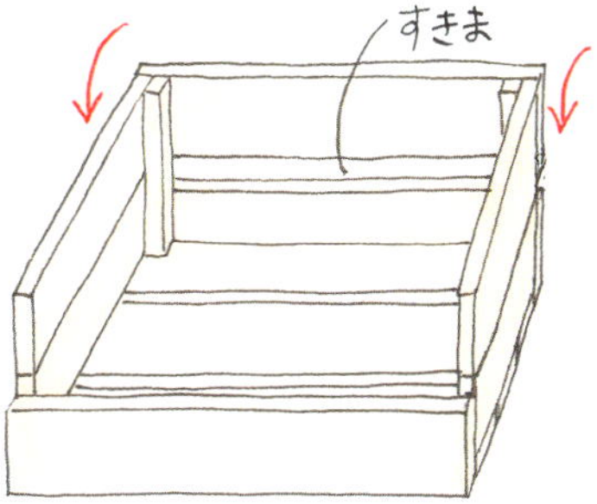

5 3の左右の板にボンドを付け、上から**4**をセットする。内側左右に角棒を当て、それぞれ後ろからビスで固定する。

使用するときは、クッションや大きなタオルなどを入れてあげるとよい。

ネコも大好き！
ジャングルジム

制作費用 8000円
制作時間 約2時間

室内飼いの場合、心配なのが運動不足。
かわいくて、おしゃれなジャングルジムがあったら、
ネコだって喜んで遊ぶはず！
見た目よりも簡単に、そしてリーズナブルにできるので、
チャレンジしてみましょう。

材料

- 板（1820㎜×300㎜×18㎜）1枚
  （910㎜×300㎜×18㎜）1枚
- 丸棒（1820㎜×40㎜）4本
- 両面テープ
- 木工用ボンド
- パイプ止め金具（38㎜）40個
- 板用の布（90㎝×1ｍ）
  色違いで4枚
  丸棒用の布（90㎝×3ｍ）1枚
- ビス約100本
- 紙やすり　＃80
- ベニア（1200㎜×910㎜×18㎜）
  1枚
- 人工芝1ｍ20㎝

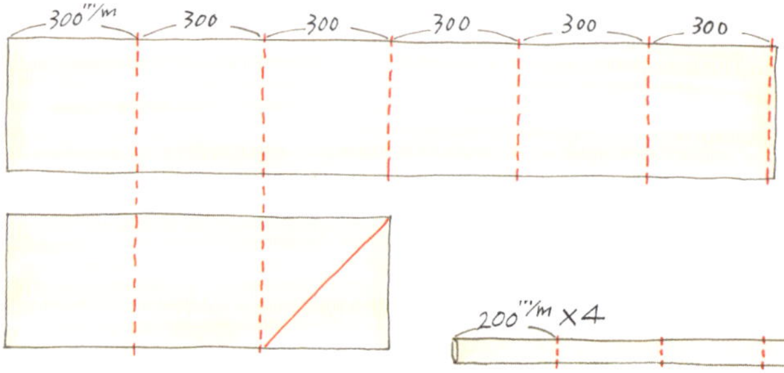

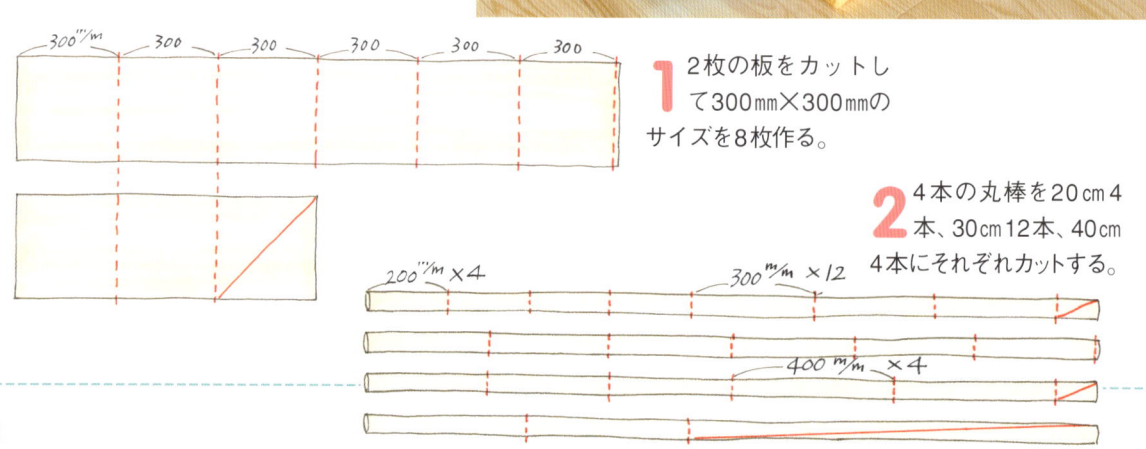

1 2枚の板をカットして300㎜×300㎜のサイズを8枚作る。

2 4本の丸棒を20㎝4本、30㎝12本、40㎝4本にそれぞれカットする。

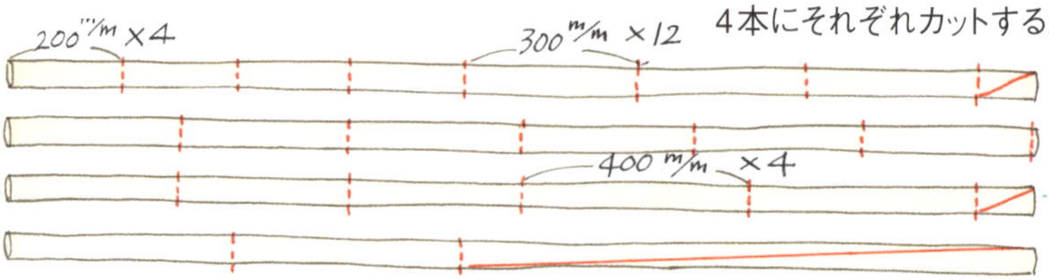

3 2の丸棒の両端を紙やすりで約2㎜ほど削り、直径38㎜強のサイズにする。

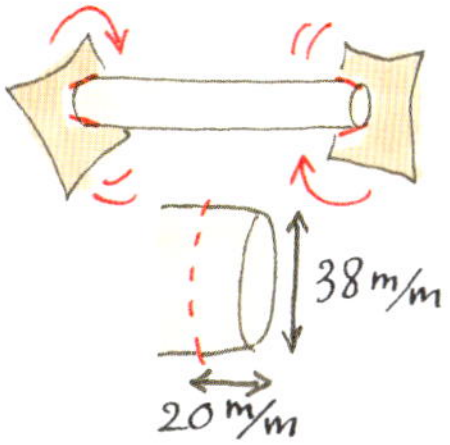

4 3の丸棒にそれぞれ両面テープを貼り、その上から布（幅145㎜×丸棒の長さに切ったもの）を巻きつけて、余分な部分をカットする。

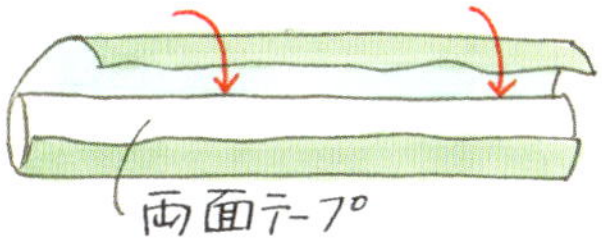

5 1でカットした300㎜×300㎜角の板材に図のように布（500㎜×500㎜）を巻く。裏側から四方をタッカー（P149参照）で止める。

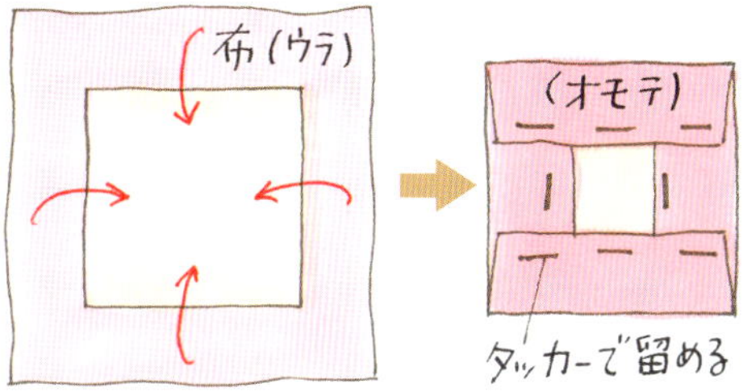

6 丸棒を設置するためのパイプ止め金具を固定する。

- 板表面の4角隅にパルプを固定……3枚
- 板裏面の4角隅にパルプを固定……3枚
- 板表裏面の4角隅にパルプを固定……2枚

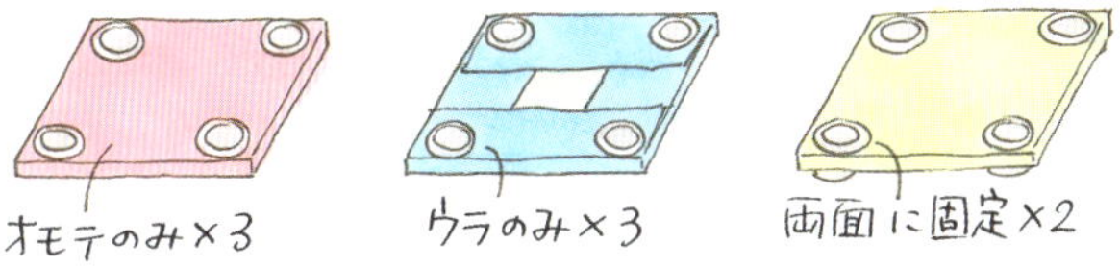

7 6のパイプ止めに、先端に木工用ボンドをつけた丸棒をはめ込む。一番下と上になる板には下と上からビスを打ち、板と丸棒を完全に固定させる。1か所にすべてビスを2本ずつ打つこと。

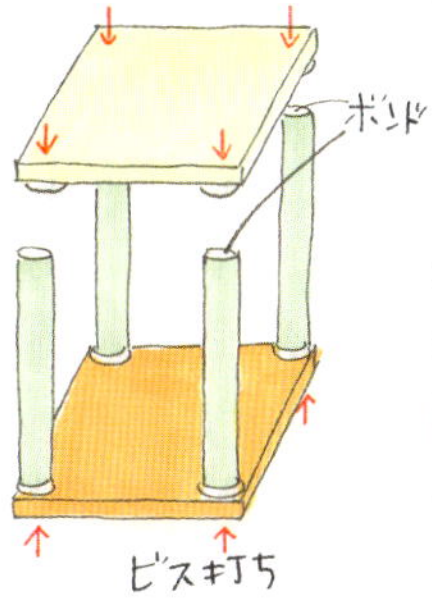

8 2段目は先端に木工用ボンドをつけた丸棒をはめ込み、上からビス（1か所に2本ずつ）で固定する。ここで3台完成する。

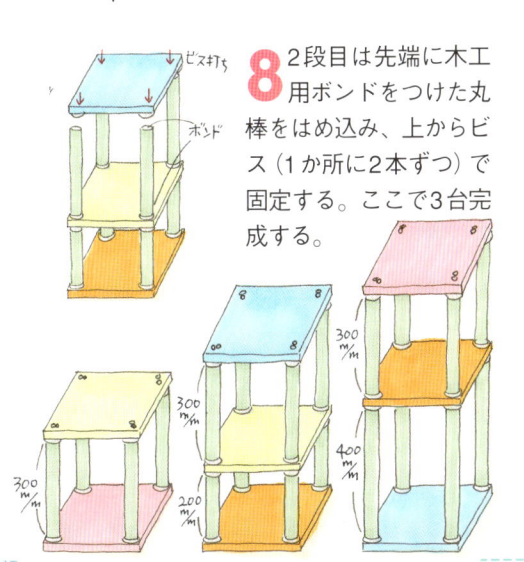

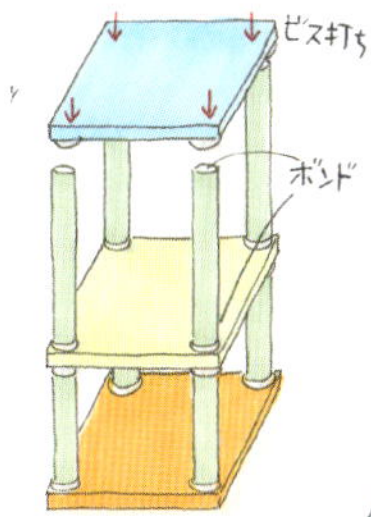

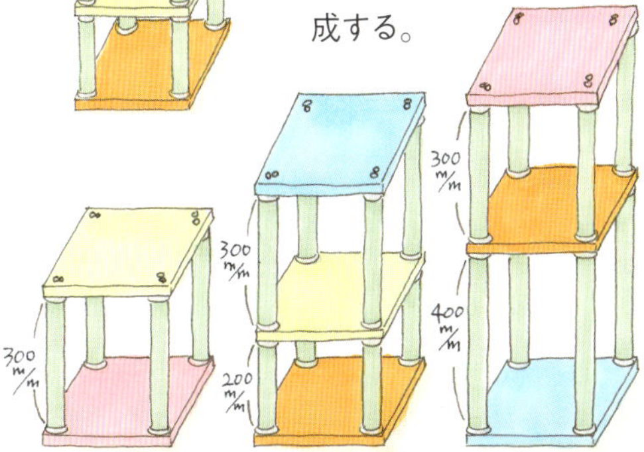

9 ベニア板に人工芝を両面テープで貼り、8で出来上がった3台をその上に置く。そのとき、一番下の板の大きさに合わせて人工芝を3か所くり抜く。出てきたベニア板とジャングルジムの床板を木工用ボンドで貼り合わせる。それぞれ、4か所ビスで固定して完成！ビスは1か所に2本ずつ、約10㎝、間隔をあけて打つと安定する。

注：布の色は好みに合わせてカラフルにするとかわいい。
肉球をアイロン式フエルトで付けてもオシャレ。

本書モデルの中の 16匹に 聞きました!

❶ 名前
❷ 性別
❸ 年齢
❹ 性格
❺ 好きな場所
❻ 好きな食べ物
❼ 好きな遊び

インテリアの撮影でお世話になった(株)アマヤホームの営業、山田さん。

①る～ぱお(loopao) ②♂ ③5歳 ④おとなしくて気を使うほう ⑤お風呂とかキッチンとか水のあるところ ⑥カツオ系なら何でも ⑦ポタポタ垂れてくる水にネコパンチ

本書監修の獣医師、兼島孝先生。

①チビ ②♂ ③15歳 ④温厚 ⑤出窓 ⑥海苔 ⑦鏡の光を追いかける

①マンボ ②♂ ③3歳 ④他のネコに優しい。怒らない(平和主義)。人見知りがはげしい ⑤押入れの中。暗いところ ⑥缶詰。ドライフード。ネコ草(大好き) ⑦ひも。シーツの中にもぐって遊ぶ。

インテリアの撮影でお世話になった梶谷さんご夫妻。

①つるきち ②♂ ③1歳 ④やんちゃ ⑤コピー機の上 ⑥カリカリ。コーヒーの香り。生クリーム ⑦ヒモ&ボール遊び

本書カメラマンの奥様の小西さん。

①チー坊 ②♂ ③6歳 ④好奇心が強く、親分肌。他のネコへの面倒見がよい ⑤カゴやタンスの中 ⑥缶詰。ドライフード(モンプチ)。カツオ節 ⑦布類にじゃれる。ひもで遊ぶ

①デイ ②♂ ③1歳半 ④自己主張が強くて甘えん坊 ⑤ふとんの上。広いところ ⑥ドライフード。牛乳 ⑦ネコじゃらし。動くものならなんでも

インテリアの撮影でお世話になった高部さんご夫妻。

①カノン ②♀ ③5歳 ④天真爛漫でくいしんぼう ⑤決まった場所はないけど人のそばが好き。でも冬は床暖房のタイルの上 ⑥ヨーグルト ⑦レーザーポインターを追いかけること

①ジジ　②♂　③6か月　④野性的　⑤人のそば　⑥煮干　⑦ネズミのおもちゃ

①ビッキー　②♀　③1歳　④繊細で、人が大好き　⑤ひざの上。人間のそば　⑥ドライフード（アイムス）　⑦ネズミのオモチャ。ひも

①ユキ　②♀　③9歳　④おとなしくて甘えん坊。人見知りをする　⑤おとうさん（飼い主）のひざの上。工場（職場）の棚の上　⑥ドライフード（銀のスプーンサイエンスダイエット）　⑦屋外が好き

①ナツ　②♀　③8か月　④人が大好きで、気が強い　⑤テレビやイスの上　⑥缶詰大好き　⑦自分のシッポを追いかけてくるくる回る。ネコじゃらし

①クン　②♀　③享年24歳　④甘えん坊　⑤膝の上　⑥アナゴ　⑦ひなたぼっこ

①サル　②♀　③7歳　④穏やかでマイペース　⑤ケージの中のベッド　⑥ドライフード（シーバ）　⑦手作りのひもで遊ぶのが好き

①クッキー　②♂　③3歳　④人間に対する好奇心が旺盛　⑤イスやタンスの上。床でごろごろ　⑥ドライフード。バニラアイス。プリン　⑦綿棒に強い反応を示す

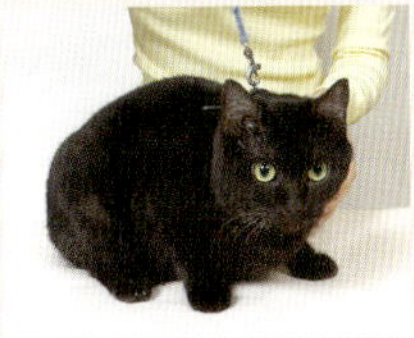

①楓（かえで）　②♀　③3歳　④人懐っこい　⑤クッションの上　⑥タブ・ポケット（ウォルサムの製品）　⑦ネコじゃらし

①サクラ　②♀　③1歳　④独立心が旺盛で、生きようとする気持が強い　⑤クッションやベッドの上　⑥好き嫌いなし　⑦ネズミのおもちゃで一人遊びが上手

監修者

兼島 孝《かねしま・たかし》

みずほ台動物病院院長。
1988年北里大学大学院（修士課程）卒業、90年東京大学大学院研究生修了。
91年埼玉県富士見市にて、みずほ台動物病院を開院。
日本獣医循環器学会で理事として、日本比較臨床医学会などで評議委員として活躍。
獣医界の質の向上を目ざし、講演やTVなどにも力を入れ、
積極的に活動している。
著書に『人に伝染するペットの病気』（実業之日本社）
などがある。

はじめてのネコ
飼い方・しつけ方

監修者　兼島孝
発行者　中村　誠
印刷所　玉井美術印刷株式会社
製本所　株式会社越後堂製本
発行所　株式会社日本文芸社
〒101-8407　東京都千代田区神田神保町1-7
TEL　03-3294-8931（営業）　03-3294-8920（編集）
URL　http：//www.nihonbungeisha.co.jp/

Printed in Japan 112050410-112170216Ⓝ15
ISBN978- 4-537-20373-8

（編集担当：亀尾）